化学工业出版社"十四五"普通高等教育本科规划教材

实验室安全与管理

张　宇　梁吉艳　高维春　主编

SHIYANSHI ANQUAN
YU GUANLI

化学工业出版社
·北京·

内容简介

《实验室安全与管理》全书共 11 章，主要内容包括：绪论、实验室基础知识、特种设备使用要求、危险化学品管理要求、生物实验室安全管理、危险废物管理及储存、实验室安全管理体系、新工科专业设备操作安全、实验室常见事故的应急处理方法、安全管理理念以及安全事故案例分析。此外，本书配有 MLabs Pro 软件作为实验室安全准入虚拟仿真系统。

《实验室安全与管理》适合高等院校初入实验室的本科生作为参考教材，同时也可供独立进行实验操作的研究生参考。

图书在版编目（CIP）数据

实验室安全与管理/张宇，梁吉艳，高维春主编.
—北京：化学工业出版社，2023.9（2024.10重印）
化学工业出版社“十四五”普通高等教育本科规划教材
ISBN 978-7-122-43882-9

Ⅰ.①实… Ⅱ.①张… ②梁… ③高… Ⅲ.①实验室管理-安全管理-高等学校-教材 Ⅳ.①G311

中国国家版本馆 CIP 数据核字（2023）第 138647 号

责任编辑：褚红喜　　文字编辑：葛文文
责任校对：宋　夏　　装帧设计：刘丽华

出版发行：化学工业出版社（北京市东城区青年湖南街 13 号　邮政编码 100011）
印　　装：大厂聚鑫印刷有限责任公司
787mm×1092mm　1/16　印张 11½　字数 229 千字　2024 年10月北京第 1 版第 3 次印刷

购书咨询：010-64518888　　售后服务：010-64518899
网　　址：http://www.cip.com.cn
凡购买本书，如有缺损质量问题，本社销售中心负责调换。

定　　价：32.00 元

《实验室安全与管理》教材编委会

主编：

张　宇　　梁吉艳　　高维春

副主编：

张林楠　　张　啸　　尹美兰　　厉安昕

其他参编人员：

吴　阳　　赵培余　　刘　利　　吕　丹　　何　鑫　　张　帆
张　进　　关银燕　　张宇航　　蔺彩宁　　董　艳

前言

实验室是开展科学研究、探索未知世界的重要基地；是对学生实施综合素质教育，培养学生实验技能、知识创新和科技创新能力的必备场所；是服务社会的重要平台。高校实验室安全既是高校安全的重要组成部分，也是保证学校健康发展和创建和谐校园的重要保障。高校实验室安全问题一直备受关注，近几年随着教育部发布各项规章制度，逐步从实验室制度建设、组织架构建设、实验管理平台建设、实验室建设以及安全培训建设等多方面加强实验室安全监管工作。党中央、国务院高度重视安全工作，提出高校实验室安全工作复杂艰巨，是教育系统安全工作的重点，也是不可逾越的红线，为切实增强高校实验室安全管理能力和水平，保障校园安全稳定和师生生命安全，决定开展加强高校实验室安全专项行动，从根本上杜绝事故隐患，确保校园安全环境。

实验室安全课程从实验室中的不安全行为、实验室中的危险源、实验室中的不安全环境、事故发生的原因及案例分析多个角度讨论实验室安全的重要性。为了保护实验室人员的安全和健康，防止环境污染，保证实验室工作安全而有效地进行也是实验室管理工作的重要内容。

本教材从实验室中危险化学品、电气设备、特种设备等危险源，用火用电、使用放射性物质等防护措施，废物管理及处置，实验室安全管理体系，安全管理理念等多个角度讲解实验室安全的重要性，提高安全防范意识，警惕危险事件的发生。此外，本教材结合高校教材建设发展趋势，完善高校实验室安全管理，严格执行《高等学校实验室安全检查项目表》（2023 年）要求，打通实验室安全管理最后一公里，添加实验室安全虚拟仿真二维码，做到随时随处扫描即可实现安全准入考试。

实验室安全一方面是大概率风险，另一方面又是小概率事故，我们的目标是既不发生可预见性的发生率高的大概率事件，也不发生虽然具有意外性但发生概率低的小概率事件。实验室安全做到只有零事故，杜绝零尝试。本书适合高等院校初入实验室的本科生作为参考教材，同时也可供独立进行实验操作的研究生参考阅读。

本书编写成员来自国内多所高校，且均是长期从事实验教学和科研的教师，具有较高的学术水平和丰富的教学实践经验。参与本书编写工作的有沈阳工业大学张宇（第一、六、八、十章）、张啸（第二章、第五章）、高维春（第七章）、尹美兰（第三章）、吴阳（第四章）、赵培余（第九章），沈阳科技学院何鑫（第十一章），以及吉林省第二实验学校董艳（表格、附录、插图）。

本书编写过程中，参考了国内优秀大学的实验室安全与管理教材，同时沈阳工业大学教师刘利、张进、蔺彩宁、关银燕、张宇航、吕丹和沈阳工业大学教务处张帆等在本书编写过程中提出了宝贵意见，在此一并表示感谢。

限于编者学识，书稿中难免存在不足之处，恳请广大读者批评指正。

编者

2023 年 7 月

实验室安全虚拟仿真系统（使用说明）

目录

第一章

绪论

实验室是高等学校教学与科研工作的主要场所，是人才能力培养的重要场所，对国家的科技发展起着至关重要的作用。我国高等教育不断发展，实验室规模持续扩大，仪器设备不断增多，教学科研活动创新活跃，实验类型日趋复杂，人员交流合作日益频繁。因此，实验室安全是保障高校事业发展的基础。近年来，教育部和科技部联合起来，着力推进高校教学和科研实验室的安全管理工作。

高校实验室安全管理工作是实验室安全有序运行和充分发挥作用的重要基石。从安全主体、安全时空、安全类别、安全文化等不同维度进行分析，高校实验室安全与企业等其他领域安全相比具有明显的不同之处。从安全主体看，涉及人员广且流动性强，安全教育难度大，安全共情意识培养难；从安全时空看，实验时段分散而且贯穿全年，实验室分布广而散，集约化管理不易实现；从安全类别看，高校学科覆盖面广，实验任务多样化且繁重，仪器设备种类多，安全风险类别多（除消防和水电等通用安全外，还有化学、生物、辐射、特种设备、大型仪器设备等安全）；从安全文化看，安全文化建设工作起步晚，建设力度不够大。由此可知，高校实验室安全管理工作潜在隐患和风险的影响要素多且具有动态性、复杂性和艰巨性，是一项涉及多主体、多类别的复杂系统工程。高校实验室安全管理模式，即不因人、事或物的变化而发生迁移的规范和相对稳定的管理制度、管理机制、管理标准及管理方法等组成的体系，能为高校实验室安全管理工作提供基本遵循准则，为实验室安全有序运行提供保障，关系到师生生命财产安全，关系到学校和社会的安全稳定。“生命不保，何谈教育”，构建具有高校自身特色的实验室安全管理模式是高等教育领域一项紧迫而必要的工作。

2019 年教育部发布的《教育部关于加强高校实验室安全工作的意见》（教技函〔2019〕36 号）中指出：“安全是教育事业不断发展、学生成长成才的基本保障。”深入贯彻落实党中央和国务院关于安全工作的系列重要指示和部署，切实加强高校实验室安全管理能力和水平，保障实验室安全稳定和学生生命安全。2020 年教育部发布开展 2020 年教育系统“安全生产月”“安全生产万里行”和“安全专项整治三年行动”活动的通知，2020—2022 年三年间教育部不断对安全规范提出新要求，制定新规则，其目的是从高校主体开展安全自我排查，源头控制，过程监管保障高校实验室安全稳定运行，保障师生安全。

1.1 实验室安全体系

实验室安全文化是一种人生态度、一种价值取向，表现在安全理念、安全意识及其指导下的各种行为，是一种行为方式。它既体现在物质文化上，如仪器设备条件、实验场所布局；也体现在制度文化上，如管理制度、操作规程、警示标志；更体现在行为文化上，如师生实验思想、实验习惯；同时也是一种精神文化。物质文化是基础，制度文化是保障，行为文化是体现，精神文化是核心。因此，实验室安全文化建设可以有效提升实验室管理水平，防范和遏制实验室危险事故，并持续影响师生形成健康安全、绿色环保的态度和行为方式。

实验室一旦发生安全事故，就会不可避免地造成财产损失，甚至付出生命的惨痛代价。古语有云："明者防祸于未萌，智者图患于将来。"墨菲定律认为："只要存在发生事故的原因，事故就一定会发生，不管其可能性多么小。"这些道理都清晰地警示，实验室安全隐患犹如隐藏的"地雷"，管理者和师生要善于扫雷，对任何安全隐患都不能有丝毫忽视，不能存有侥幸心理，要把安全隐患消灭在萌芽状态。实验室安全工作要坚持预防为主的原则，加强人防、物防、技防和制度防，做到积极主动、未雨绸缪、见微知著、防微杜渐。

加快师生对实验室安全态度、理念的转变是实验室安全教育课程的核心。建立实验室安全准入制度，考核学生对安全知识的掌握。通过微信小程序安全教育网络通关等信息化手段，加强师生的实验室安全意识，提高师生安全教育学习自主能动性。

实验室安全事故的发生80%以上属于人为因素，由疏忽大意、操作不当导致，对实验过程中潜在的危险性估计不足，为减少实验室安全事故，必须提高实验人员对实验安全的重视。因此，建立实验室安全管理规章制度，规范管理同时减少安全隐患，促进实验人员提高安全意识。

1.1.1 实验室基本安全准则

为了确保实验室安全，实验室应有基本的安全守则，各实验室主管必须自行建立具体的安全细则，实验人员明确所有规则后方可进行实验。

实验室安全管理的基本原则就是要做到防患于未然，消除安全隐患，把安全工作做到前面。实验室安全管理工作要从安全管理制度、安全责任体系、安全准入制度、实验室布局、特种设备管理、化学品管理、实验室应急预案设置等几个方面入手，全面地为实验室安全把关。

① 实验室安全管理制度的建立是实验室安全管理过程中非常重要的环节，应该按

照国家相关规定和相关管理办法，结合各单位实验室的具体特点，制定严格有效的实验室安全管理制度及实施细则。加大实验室安全管理工作的力度，切实落实各项管理制度，要求进入实验室的人员务必遵守实验室安全管理制度。

② 高校各级需要明确落实安全责任制，按岗位性质选择适合的人员，制定可行的岗位职责说明，对实验室管理人员提出完善的绩效考核要求，提高实验室安全管理人员的归属感和对职位的认同感。

③ 建立实验室安全准入考核制，从源头增强进入实验室人员的安全意识。通过组织消防安全知识培训，学会对消防用品的使用，提高安全意识及事故应急处理的能力。很多高校已开始使用微信小程序链接到二级院校公众号，并设置闯关小游戏，师生通过该小程序获取进入实验室的准入证书后，方可开展实验及学习工作。

智能实验室现在已经成为许多高校实验室的一个亮点，在实现实验室多功能化管理的同时，也应严格按照实验室规范和标准设计。新风系统的引入，在不影响其他办公区域的情况下，能够将有毒气体排放。楼道设置应按消防管理要求，应急逃生通道消防设施要齐全，采取双路供电。设置专门的化学品库房，根据性质进行分类存储，且应注意各类化学品的存放环境。各类危险品不得与禁忌物混合储存，每类危险品均应该有明显标志。

为了最大限度地减少化学实验室突发事件对实验室工作人员和环境的危害，降低其造成的社会影响，必须建立化学实验室应急预案。实验室配置急救箱和应急救援的设备。评估实验室应对突发恶劣天气、地震等自然灾害或人为灾难发生时的承受能力，并做好相应的准备工作，建立与当地消防部门和其他紧急反应部门的协调机制，加强工作人员训练，每年进行一次应急演习。

1.1.2 实验室管理体系

随着时代的发展，“安全”与“绿色”在内涵上产生了共振，除了人身财产安全外，节能、减排、环保等以“绿色”为要义的建设理念也成为“安全”的应有之义。

人是连接实验设备、实验环境、实验操作的中心点，与实验有关的所有要素皆因人而关联起来。实验室具有参与人员多、实验内容和方法变化多、高危试剂多、设备种类多等特征。据调查统计，80%的实验室安全事故因人而引起，实验人员安全意识淡薄、缺乏必要的实验室安全知识和技能是造成实验室安全事故的主要原因。从实验室“四多”特征凝练出的恰是人员、环境、物品、操作等实验室安全管理四大要素。创新、协调、绿色、开放、共享新发展理念则是贯穿和引领实验室安全管理工作体系的灵魂和精髓。

实验室通过建立 6S 管理体系，从整理、整顿、清扫、清洁、素养、安全六个方面建立实验室规范化管理制度，培养实验操作人员良好的实验习惯，提高实验人员科学的实验室操作素养，进而提升实验室管理体系，将安全教育融入每个学生思想中，从根本做起。

高校实验室是教学和培养学生创新能力的重要场所，实验室不仅有一般的安全问题，而且还会涉及一些有毒有害化学品等，这些均是实验室的安全隐患。但是，首先要保证实验室的整洁卫生以及仪器的摆放有序，遵守实验室的基本安全与卫生规章制度这一基本标准，这样才能做到将危险扼杀于摇篮之中。

实验室 6S 管理体系需要从实验全流程角度考虑，进而做到标准化实验流程。

（1）准备工作

实验前让学生熟悉实验操作流程，对于实验中用到的实验仪器能够做到熟悉操作，同时仔细检查实验设备、仪器仪表是否完好以及可能存在的安全隐患并能做到很好地防御，一旦危险发生能在第一时间内反应和处理。与此同时，对于一些复杂的实验仪器，在实验前实验指导教师力求能做到给学生演示一遍，尽量避免不安全事故的发生。

（2）实验过程

在实验过程中，要严格遵照操作规程，认真操作，仔细观察实验现象。保证与实验无关的物品不放在实验桌上，尽量保证足够的空间，尽量做到不独自做危险实验，要与其他人协作，防止意外事件的发生。对于有一定潜在危险性的实验禁止学生围观起哄，以杜绝不安全事故的发生。

（3）实验结束

实验结束后认真收拾实验台，将各类仪器放回指定位置，方便下次使用。同时注意危险试剂的密闭保存，易碎的器皿放于安全的地方防止碰落。认真仔细检查实验设备是否断电，离开实验室前切记关掉所有电源，防止发生火灾。

1.1.3 实验室安全体系构建

随着高等学校实验室安全事故的频发，实验室安全管理表现出多个方面的问题。实验课是很多学生，尤其是理工科学生巩固理论知识、培养动手能力、锻炼团队合作和科学探索精神的重要方式。安全地做实验，不仅是创建平安校园的需要，更是培养学生养成良好的尊重科学、重视细节、遵守纪律、服从管理的安全素养的需要。缺乏适合的、合理的、系统的实验室安全教育课程体系，安全管理重视程度薄弱，管理流程不健全等都是造成高等学校实验室安全隐患的因素。因此，在新形势下，越来越关注和重视高等学校实验室安全教育，做到系统、完整、有效地构建高等学校实验室安全教育体系显得尤为重要，已经成为高等学校一项长期的重要任务。

体系是指若干有关事物或某些意识相互联系的系统构成一个有特定功能的有机整体。高校实验室安全管理体系是高校校园安全大系统的重要组成部分，需要遵循高校实验室安全工作的客观规律，对高校人才培养、教学科研活动中涉及实验室安全的各环节进行全面优化设计，形成其结构和功能较为完备的实验室安全管理系统。该体系涵盖组织架构、机制保障、宣传教育、安全检查、应急预案等主要建设内容，各内容相互联系、相互作用、相互促进形成整体，以此达到实验室安全高效运行目标。

① 实验室安全管理工作需要建立行之有效的安全管理体系。目前国外很多著名高校已积极推行 HSE（健康、安全、环境）管理体系，推行 HES 管理体系的目的就是环境保护，改进工作场所的健康和安全，对增强凝聚力、完善内部管理、创造更好的实验环境起到积极作用。

② 实验室师生是实验室安全工作的关键因素，存在“不出事就是安全”的侥幸心理，存在实验室危险废物与生活垃圾混放，存在实验室安全知识缺乏、未做危险性实验预案或者安全风险评估不足、操作不规范、遇到危险发生时不知所措的现象。需要加强文化引领，加强服务。创新实验室安全管理载体，持续开展实验室安全月活动，加强内容创新，使内容更加贴近师生、吸引师生，形成师生“主动参与、乐于参与、不断创新”的局面，彰显活动成效。通过安全文化核心价值观的引导，以多种形式影响师生的安全文化思维，促进师生形成自我约束的习惯和强大的自我防控力。

③ 建立校-院-实验室三级实验室安全管理体制。学校设立实验室技术安全委员会和实验室工作指导委员会，由分管实验室工作的校领导任组长，实验室与设备管理处、保卫处、科研院等相关职能部门负责人为成员。学院作为实施实验室安全管理的主体单位，成立实验室安全工作小组，建立学院主要负责人负责、安全工作小组指导管理、专兼职实验室安全员具体实施的实验室安全责任体系。实验室作为实验室安全工作责任主体，科研实验室实行实验室安全导师制，教学实验室实行实验室主任责任制，每间实验室明确实验室安全负责人，负责开展实验室安全工作。

④ 从责任归属、人员监督、设施建设、经费保障、制度建设等方面出台具体举措，以保证学校、学院与实验室三级安全管理体制的有效落实。学校分管校领导与学院签订实验室“安全管理责任书”，明确安全责任归属。学校设立实验室安全管理和危险化学品管理专门岗位，明晰岗位职责。由各学院确定实验室分管领导、实验室主任以及实验室工作联系人，专门负责实验室安全工作。

⑤ 建立有专人管理的校级危险化学品仓库，学院有关实验室设立管制类化学品专用安全柜，并配备视频监控系统等安防监控设施。学校设立实验室运行经费、实验室废物处置经费等专项经费，用于全校危险化学品废物处理、改善实验室安全设施等，保障实验室安全工作。制定实验室安全管理办法、危险化学品管理办法、实验室安全检查管理规定等多项制度，明确实验室安全管理、安全检查主要内容，制定实验室安全隐患整改与事故处理方案、管制类化学品安全管理标准等，使每一位管理者和执行者都有章可循、有据可依，推进长效机制建设。将实验室安全基础引入课程培养方案，从新生入校开始每学期开设 16 课时的实验室安全基础理论课，设置 1～2 节的实操课，目的是让学生能够动手操作消防设施。

1.2　实验室安全现状

1.2.1　国内实验室安全现状

"说起来重要，做起来次要，忙起来不要，出事了才知重要"的思想观念是目前国内大多数高校存在的普遍问题，由于没有主观意识，实验室安全建设一直处于滞后状态。

随着生命至上的理念深入人心，国内高校越来越重视实验室安全文化建设，从培养人的根本任务的高度，基于人、法、防、护、育、查六要素建设实验室安全管理模式。培训、教育与应急演练相结合，促进形成自上而下、从书本走向实际的管理方式，从被动的"管"向主动的"做"转变。

由于实验室安全设施有欠缺、安全管理不到位，高等学校实验室安全事故时有发生。从实验室环境安全的角度来看，主要存在三个方面的问题：

① 实验室安全文化制度建设滞后。部分高校的安全管理制度照抄照搬上级部门的文件，内容描述空泛，多为禁止条款，欠缺人性化的指导，可操作性不强，"以人为本"的理念尚未彰显，仅是墙上的"装饰品"，没有实际管理效用，更谈不上安全文化建设。此外，责任认定和追究制度的缺失导致思想麻痹、职责模糊、工作推诿，事后问责也仅是流于形式，没有真正发挥事后惩戒的作用，导致安全文化建设滞后，没有形成共识和统一的思想。

② 实验室基础设施的安全保障环节仍较薄弱。建筑物的设计和建造不能完全符合实验室的规范要求，安全防护设施不齐全等；实验过程中的环境安全存在隐患，如实验人员因安全意识淡薄而不能自觉使用安全防护设备，配置的实验室安全设施不能正常运行等。

③ 实验室面积不能满足实际使用的需求。有些实验室建设年代久远，基础设施已很难达到现代实验室要求。在这类实验室内时常出现各种线路凌乱、用电超负荷等现象。实验项目产生的废水、废气及固体废物处置不当带来环境污染风险，如含有毒有害化合物的废水直接倒入下水道、不回收大量使用的有机溶剂和有害气体、废弃的固体药品不实行分类收集和处置等。

因此，应以这些常见和突出的问题为导向切实加强实验室环境安全的内涵建设和监督检查，采取强有力的风险管控措施。

1.2.2　国外实验室安全现状

欧美大学一般有完善的 HSE 管理网站，全面展现 HSE 管理的组织架构和管理方式，对实验室布置、事故处理、危险品报备、有毒废物销毁都有详细指导。

麻省理工学院的HSE管理系统由总部、办公室和委员会组成，基于网络进行实验室安全培训，实验人员（包括教师、研究人员、学生和访问科学家）进入实验室前要接受严格、强制性的培训及考试。

此外，不同的实验室对实验安全有不同的要求，例如斯坦福大学每年提供实验室生物安全、化学安全、有害废物收集、激光安全、辐射安全、个人应急准备等30余门课程，对于新加入实验室的管理人员和实验操作人员，HSE管理部门要事先对他们进行详尽、严格的培训与考核。剑桥大学HSE管理部门则非常重视实验室安全风险分析，针对所有危险活动进行客观的风险分析，并采取足够的防控措施。

莫纳什大学是澳大利亚规模最大的研究型大学，拥有超过100个研究中心和17个合作研究所，其化学工程专业实验室既有完善详尽的安全培训，又有种类齐全的安全标志，并建立了完备的安全委员会制度。进入实验室的所有管理人员、教师、学生、技术人员或安全人员，必须接受实验室安全准入培训或专门培训，其培训内容包含综合安全培训、危害控制培训、材料安全数据表培训、安全操作流程培训等。危害控制是莫纳什大学实验室安全管理的特色，即确认潜在的安全危害。当学生提出实验方案时，要从实验操作、物理危害、化学危害、生物危害等方面进行详细的危害评估，若确认存在危害性，则必须采取相应的控制手段及防护措施，以便将安全风险降低到最低程度，尽量规避风险。

纵观国内外，无论是科研院所还是高校实验室，实验室安全都是一个不仅不能忽视，而且还需要特殊重视的问题。安全无小事，关乎你我他。

习题

1. 阐述实验室安全体系应包含哪些内容。
2. 目前你所了解的实验室安全管理都包含哪些基本内容？
3. 高校实验室安全重点防范的是人还是物？

第二章 实验室基础知识

实验室存在很多不安全因素，可以分为人的因素和物的因素两部分。无论是化学实验室、生化实验室还是工程类实验室，在实验过程中往往使用高温、高压的各类仪器设备以及压缩气体钢瓶等，如果管理不善或者使用不当都存在火灾、爆炸、灼伤等隐患。这些“物”所潜伏的危险因素是客观存在的，我们无法回避。因此，我们需要做到的就是从“人”的方面考虑，把危险限制在可控的范围之内。

2.1 实验室用电安全

电的发明给人类创造了巨大的财富，改善了人类的生活，但是，不安全用电，则会带来灾害。现实生活中，存在大量的电气设备，保证实验室用电系统的安全、设备正常运转则需要树立安全的用电意识，掌握安全用电的技能，时刻提醒自己注意用电安全。

2.1.1 实验室电源特点

为了配合实验台、通风橱等的布置和固定位置的用电设备，如烘箱、马弗炉、高温炉、冰箱等，在实验室的四面墙壁上，在适当位置要安装多处单相和三相插座，这些插座一般在踢脚线以上，以使用方便为原则。如果是在实验中使用这些设备，而在实验结束时就停止使用，可连接在该实验室的总电源上；若需长时间不间断使用，则应有专用供电电源，不会因为切断实验室的总电源而影响其工作。

每个实验室内都有三相交流电源和单相交流电源，要设置总电源控制开关，当实验室无人时，应能切断室内电源。实验室的配电箱一般设计在靠近门口的墙上，方便关闭总电源。

每个实验台上都要设置一定数量的电源插座，至少要有一个三相插座，单相插座可以设 2～4 个。插座应有开关控制和保险装置，万一发生短路时不致影响室内的正常供电。插座可设置在实验桌桌面上或桌子边上，但应远离水池和气瓶等的喷嘴口，并且不影响实验台上仪器的放置和操作。

化学实验室因有腐蚀性气体，配电导线以采用铜芯线为宜，其他实验室可以用铝芯线。敷线方式，以穿管暗敷设为宜，暗敷设不仅可以保护导线，而且还使室内整洁，不易积尘，并且检修更换方便。动力配电线五线制 U、V、W、零线、地线的色标分别为黄、绿、红、蓝、双色线。单相三芯线电缆中的红线代表火线。

2.1.2 用电注意事项

违章用电可能会造成仪器损坏、火灾甚至人身伤亡等严重事故。电流对人体的伤害主要有电击、电伤、电磁场生理伤害等。实验室中违章用电导致的事故给个人及学校带来了很大损失，因此，学生在进入实验室之前，一定要多了解一些安全用电常识，这样才能在实验中远离危险。

实验室用电设施分布在实验室各个位置，有实验操作台电源、边台电源、仪器电源以及大型仪器设备固定电源。这些电源多数是嵌入式，也有部分由于条件不允许通过插排连接，更有严重的出现电源线外露，这些都是用电隐患。一旦不小心碰触裸漏电位置，后果不堪设想。因此，做好预防措施，正确用电是保护自己的最好方式。

① 实验室用电应符合《建筑物电气装置标准》和《低压配电设计规范》（GB 50054—2011）的要求。

② 实验室仪器、设备在交付使用前应当由设备管理部门进行安全检查，确保符合安全使用条件。使用时应严格执行电气安全规程。实验室应指定设备管理人员，定期对仪器、设备的完好性进行检查，发现缺陷时应做好登记，并及时通知设备管理部门。设备缺陷登记内容包括缺陷内容、发现人、发现时间、处理方法、消除日期等。设备缺陷未消除前，应停止设备使用，并做好防护。

③ 仪器、设备的功率应与线路的容量相匹配，严禁超载。实验室新增大功率用电设备时，要注意实验室的设计功率是否满足要求。

大型仪器设备应采用单独供电回路，并装设独立控制开关、隔离电器和短路、过载及剩余电流保护电器。功率大于 0.25kW 的电感性负荷及功率大于 1kW 的电阻性负荷应采用固定接线方式。

④ 插座的安装应当符合相关标准和规范，潮湿场所应采用具有防溅电器附件的插座，安装高度距地不应低于 1.5m。不要使用自制的插座板，应使用符合标准的正规商品插座板。当插座板电线长度不够时，不能将多个插座板串联使用。不要将插座板放在实验室地面或实验台面上使用，避免水溶液、有机试剂与之接触而引发火灾。插拔插头存在风险的应采用带开关能切断电源的插座。不要用湿手、湿脚动电气设备，也不要碰开关插座，以免触电。大清扫时，不要用湿抹布擦电线、开关和插座等。损坏的开关、插头插座、电线等应赶快修理或更换，不能怕麻烦将就使用。

⑤ 禁止私自改装、加装、拆卸电气设备，禁止在实验室使用自购电器。发生触电、

火灾等事故，应立即切断电源，然后再实施抢救。应根据实际情况设置、选用合适的灭火器具。电气火灾禁止使用能导电的灭火器，精密仪器、旋转电机火灾禁止使用干粉灭火器或干砂灭火。

⑥ 爆炸危险场所电气设备选型、安装、验收应当符合国家标准和规范，并同时满足环境内化学、机械、热、霉菌及风沙等对电气设备的要求。化学药品库一定要用防爆照明灯，控制开关必须安装在门外。

⑦ 计算机、空调、风扇等设备夜间必须关闭，特别是计算机主机与显示器，不能在夜间无人时处于待机或休眠状态。移动电气设备时，必须先断开电源，然后再移动。

实验前先检查用电设备，再接通电源；实验结束后，先关仪器设备，再关闭电源；实验人员离开实验室或遇突然断电时，应关闭电源，尤其要关闭加热电器的电源开关；不得将供电线随意放在通道上，以免因绝缘破损造成短路。在做需要带电操作的低电压电路实验时，用单手比双手操作更安全，不应用双手同时触及电器，防止触电时电流通过心脏。要经常整理实验室，以防触电跌倒后的二次伤害，确保实验人员的人身安全。如有人触电，应迅速切断电源，然后进行抢救。

2.1.3 电气事故类型与特点

2.1.3.1 电气事故类型

电气事故按发生灾害形式可分为人身事故、设备事故、电气火灾和爆炸事故；按事故电路状况可分为短路事故、断线事故、接地事故、漏电事故；按能量形式及来源则可分为触电事故、静电事故、雷电事故、射频危害、电路故障等。

2.1.3.2 电气事故特点

（1）危险因素不易察觉

电没有颜色、气味、形状，很难被察觉，在使用过程中，人们往往忽视它的存在，造成事故。

（2）事故发生突然

电气事故发生时，来得突然，毫无预兆，人一旦触电，自身极易失去防卫能力。

（3）事故的危害性大

电气事故的发生伴随着危害和损失，如设备损坏、火灾、爆炸等。严重的电气事故不仅会造成重大的经济损失，还会造成人员的伤亡。据有关部门统计，我国触电死亡人数占工伤事故总死亡人数的5%左右。

（4）事故涉及面广

电气事故不仅仅局限在用电领域，如触电、设备和线路故障等事故。在非用电场所，电能的释放也会造成灾害或伤害，例如，静电、雷电、电磁场事故等，这些都属于电气事故的范畴。

2.1.4 触电事故及预防

触电事故指电流的能量直接或间接作用于人体所造成的伤亡事故。

（1）电伤

电伤是电流的热效应、化学效应或机械效应对人体外部器官（如皮肤、角膜、结膜等）造成的伤害，如电弧灼伤、电烙印、皮肤金属化、电光眼等。电伤是人体触电事故中较为轻微的一种电击。

（2）电击

电击即触电，是指电流通过人体时所造成的内部伤害。它会破坏人的心脏、呼吸及神经系统的正常活动，甚至危及生命。在触电事故中，绝大部分是人体接触电流遭到电击使得心脏过载而伤亡。其实，人身体里本来就有微量电流，但是一旦遇到强电流通过或人体细胞中的导电元素全部参与导电时，身体中的生物大分子就会彻底地解体而使生命终结。

电击是电流对人体内部组织的伤害，也是最危险的一种伤害，绝大多数（85%以上）的触电死亡事故都是由电击造成的。

① 电击分类。按照发生电击时电气设备的状态，电击可分为直接接触电击和间接接触电击。直接接触电击是触及设备和线路正常运行时的带电体发生的电击（如误触接线端子发生的电击），也称为正常状态下的电击。间接接触电击是触及正常状态下不带电，而当设备或线路故障时意外带电的导体发生的电击（如触及漏电设备的外壳发生的电击），也称为故障状态下的电击。

② 电击的主要特征。按照电击对人体造成的损伤程度，电击的特征包括：a. 伤害人体内部；b. 低压触电在人体的外表没有显著的痕迹，但是高压触电会产生极大的热效应，导致皮肤烧伤，严重者会被烧黑；c. 致命电流较小。

（3）防止触电注意事项

① 不用潮湿的手接触电器。

② 电源裸露部分应有绝缘装置（例如电线接头处应裹上绝缘胶布）。

③ 所有电器的金属外壳都应接地保护。

④ 维修或安装电器时，应先切断电源。如遇线路老化或损坏，应及时更换。

⑤ 不能用试电笔去试高压电，使用高压电源应有专门的防护措施。

⑥ 在潮湿或高温或有导电灰尘的场所，应该用超低电压供电。当相对湿度大于75%时，属于危险、易触电环境。漏电保护器既可用来保护人身安全，还能对低压系统或设备的对地绝缘状况起到监测作用。

⑦ 含有高压变压器或电容器的电子仪器，只有专业人员才能打开仪器盖。

⑧ 低压电笔一般适用于 500V 以下的交流电压，安全电压是指保证不会对人体产生致命危险的电压值，工业中使用的安全电压是 36V 以下。

2.1.5 常见用电错误及正确使用方法

为预防用电事故的发生，防患于未然，下面列举了一些实验室常见的用电错误及电气设备操作中存在的安全隐患，希望能引以为戒。

（1）临时拉线，电线没有保护措施

实验室需要临时布线时，电线应置于绝缘管中埋于地下或墙体中，也可临时采用防护套或防护板。

（2）同时使用多个用电器具，易超过用电负荷引起火灾

当实验室插座较少，而用电仪器设备较多时，经常有人图省事，在一个插座板上，或一个插座（避免使用多转换插头）上同时使用多个用电器具，非常容易造成超负荷用电而引起火灾。

如果出现插座不够用时，正确的方式是在实验室用电功率满足要求的前提下，采取正确的临时布线方式解决。插座板不宜水平放置，特别是直接放在地面上。

（3）有机化合物滴落到电加热套里引发火灾或爆炸

电加热套是化学实验室通常采用的加热设备。烧瓶可直接放置在电加热套内，高效方便。但使用时一定要注意检查烧瓶是否有裂纹，另外要防止添加试剂时，试剂滴落到电加热套内，引发火灾或爆炸。

（4）使用吹风机

在化学实验室经常需要使用吹风机，如快速干燥玻璃仪器，磨口玻璃仪器打不开时用吹风机加热磨口使其外部膨胀而打开等。但吹风机使用的是电加热丝加热的方式，有时使用不当，也容易引起事故。

当玻璃仪器内有残留的易燃液体或气体时，使用吹风机容易引燃气体发生烧伤；如玻璃仪器内有有机易燃液体，使用吹风机时，有机液体就会滴落到吹风机中的电加热丝上，极易引发火灾或导致烧伤。吹风机使用完毕后，应继续吹冷风，使其内部冷却后再关闭电源。

（5）使用变压器

化学实验室经常使用小型变压器，很多时候，连线的时候比较随意，特别容易发生事故。电气设备应定期检查，使用一段时间后进行更换，防止线路老化引发事故。

在使用小型变压器时，应注意以下事项：

① 远离水源，最好不要放在通风橱内水龙头旁。禁止用湿手接触带电的开关。

② 变压器功率要和电器的功率一致或者略大。

③ 变压器电源线上最好装上开关，并接好指示灯，以提醒在使用完毕后切断电源。

④ 不要在变压器旁放置可燃性物质及化学试剂。

⑤ 变压器接线柱接线应用绝缘布防护。

⑥ 关闭时应将变压器旋钮旋至 0V，然后关掉电源。

（6）使用电动搅拌器

电动搅拌器、电磁搅拌器都是化学实验室最为常用的电动搅拌设备。电动搅拌器电机所用的电刷，转动时连续不断产生电火花，当环境中有高浓度有机易燃蒸气或易燃气体泄漏时，极易引发燃爆。另外，电动搅拌器、电磁搅拌器停止搅拌时，一定要将调速旋钮调到零，再关闭开关，防止下次重新打开电源时，搅拌速度太快而突发意外，如溶剂溅出、水银温度计折断或容器破裂等。

（7）使用电热温控油浴

使用电热温控油浴时，温度传感器一定要置于需控温的体系中，防止无限制地加热引起危险。另外使用时，也要随时观察温度，防止加热失控导致事故发生。

（8）使用电烘箱

电烘箱的功率较大，使用前注意不要过载，要检查电路。通电后，要有人看守，防止电加热失控。电烘箱在底层安装有电阻丝，干燥容器时，防止残留的有机溶剂挥发引燃发生爆炸事故。使用电烘箱时注意底层的温度和上层不一样，防止温度过高发生意外。

2.2 实验室化学品安全

化学品产业经过几十年的发展，给人们的生活及相关产业带来巨大的变化，极大地改善了现代人的生活质量，加速了社会发展的进程。然而，由于化学品自身的特性，化学品的生产具有诸多危险性。随着化学品数量和种类的不断增加，化学品使用、储运、管理不当造成的灾害日益严重。化学品主要具有以下危险性：①爆炸性；②燃烧性；③氧化性；④毒性、刺激性、麻醉性、致敏性、窒息性、致癌性；⑤腐蚀性；⑥放射性；⑦高压气体的危险性。

2.2.1 化学品的存在形式

化学品的存在形式有以下几种。

固体：室温下以固态形式存在的物质，如金属、塑料。

液体：室温下以液态形式存在的物质，如甲醇等有机溶剂。

气体：室温下以气态形式存在的物质，如一氧化碳。

蒸气：液体由于温度、压力的改变，在空气中形成的微小液滴，正常状态下为液体。

烟：固体由于温度、压力的改变，在空气中形成的均匀分散的细小固体颗粒。

尘：室温下空气中的细小固体颗粒。

2.2.2 常见化学品的管理

化学试剂的管理一般可分为危险化学品的管理和非危险化学试剂的管理两类。目前高校各个部门越来越重视危险化学品的管理问题，一般有单独的危险化学品仓库，但由于危险化学品的种类繁多，为了使用方便，一般只是把易制毒、易制爆的危险化学品放置在危险化学品仓库，而许多易燃性、氧化性试剂仍然和其他普通试剂混合放置。

教学中用量大、种类多的一般是非危险试剂，由于实验用房紧张，这种试剂不能完全做到分类存放管理。有些试剂的采购数量偏大，造成试剂的闲置。对于一些易挥发的试剂挥发严重，药品库气味刺鼻，对教师和学生身体健康造成危害。因此对于不同试剂的存放应按照氧化剂与还原剂分开存放、固体与液体药品分开存放等原则。

2.2.3 化学品进入人体的途径

在污染日益严重的环境下，化学品无处不在，因此人体无时无刻不在吸收化学品。我们知道化学品的来源有很多，而且化学品进入人体的途径也有很多种，常见的有：肺部吸收，如吸入烟、雾、灰尘；皮肤接触，如液体或粉料接触或溅到皮肤上或眼睛里；经口，如接触化学品后未清洗双手直接吃东西，从而使化学品进入人体；意外吞入，将饮用水带入实验室，与化学溶剂颜色无差别，造成意外吞入伤及肠胃。

2.2.4 化学品的危害

在接触化学品后，除了短时间内表现出的健康效应，还可能在更长的时间尺度上给人体带来不良的影响。除急性毒性，皮肤、眼睛、呼吸道灼伤和吸入危害外，国家标准中化学品危害分类中的致癌性、生殖毒性、生殖细胞致突变性、特异性靶器官毒性都是指在较长时间尺度上对身体健康的影响。

（1）致癌性

物质或者混合物可导致癌症或增加癌症发病率的性质称为致癌性。癌症是细胞正常功能损伤后，有丝分裂的速率显著高于程序性凋亡，从而导致部分组织和器官恶性增殖所引起的疾病。致癌的物质可能通过对细胞代谢过程的干扰，或对 DNA 的损伤来增加癌症的风险，它们的特性之一是在短期内不一定表现出对生物体的损害，毒性隐蔽，容易被忽视。

合成化学品和天然毒素都可能具有致癌性。常见的化学致癌物有可吸入的粉末状石棉、二噁英类和稠环芳烃等。DNA 的碱基具有亲核性，许多可溶性的亲电试剂都可能与其反应，从而具有潜在的致癌性，例如甲醛、碘甲烷以及一些环氧化合物。而在体内可以被转化为亲电试剂的化学品，也常归为致癌物。例如乙醇在体内被醇脱氢酶氧化为乙醛，稠环芳烃（如苯并芘）在体内被氧化为亲电的环氧化合物，被认为具有致癌性。亚硝酸盐类，因为能与食物中的胺反应生成亚硝胺，而被列为可能的致癌物。代表性的天然致癌物有黄曲霉毒素 B_1（常见于发霉的谷物和坚果等）、马兜铃酸（存在于马兜铃科植物中）和苏铁苷（存在于苏铁种子中）等。

（2）生殖毒性

部分化学品在一次或反复接触后，在长期健康效应上表现为对成年人或哺乳动物生殖能力上的损害，称为生殖毒性。化学品的生殖毒性又分为两个主要方面：一方面是对个体性功能和生育能力的负面效应，包括对雌性生殖系统和雄性生殖系统的改变，对生殖细胞的产生和输送、生殖周期的正常状态、性行为和生育能力的有害影响；另一方面是发育毒性，包括在出生前或出生后干扰正常发育的任何影响，这种影响的产生是由于受孕前父母一方的接触，或者正在发育之中的后代的接触。这一分类的主要目的是对孕妇及有生育能力的男女提供危险性警告。实验室中可能接触到的具有生殖毒性的化学品包括各种铅盐、双酚 A 以及一些合成类的激素，例如己烯雌酚。

（3）生殖细胞致突变性

生殖细胞致突变性是指化学品引起人类生殖细胞发生可遗传给后代的突变的现象。与生殖毒性不同的是，生殖细胞突变并不导致接触个体发生疾病、生育力下降，胚胎或围生期死亡，仅表现在对生殖细胞显性的可以转基因的改变。由于基因突变发生在体细胞上表现为潜在的致癌性，所以生殖细胞致突变性和致癌性的化学品存在较大范围的重合。化学实验室可能接触到的生殖细胞致突变剂有苯、丙烯酰胺、环氧丙烷、苯胺、苯酚、镉离子、铬酸盐和重铬酸盐等。

（4）特异性靶器官毒性

特异性靶器官毒性是指身体在接触化学品后某些器官受到的毒害要显著高于其他器官的现象。*Casarett & Doull' Toxicology* 一书中指出："大多数表现出系统毒性的化学品并不对所有器官表现出相似程度的毒性，而是主要作用于其中的一个或者两个器官上。"因此，接触特殊物质后引起的特异性、非致命性的靶器官毒性作用（包括可逆的和不可逆的，即时的和迟发的功能损害）称为特异性靶器官毒性。上述已经单独分类的急性毒性、皮肤腐蚀/刺激、严重眼损伤/眼刺激、呼吸道或皮肤致敏、致癌性、生殖细胞致突变性、生殖毒性和吸入危害虽然某种意义上也属于特异性靶器官毒性，但是不再重复算入此类。

特异性靶器官毒性又分为一次接触和多次接触两大类。一般来说，一次接触多造成即时、短期的影响，例如乙醚的一次接触会影响中枢神经系统，导致头晕目眩和昏昏欲睡；而多次接触则会导致慢性的病变，例如反复或长期吸入四氯化碳会导致肝脏和肾脏的损伤。

2.2.5 化学品危害预防与控制

随着化学工业的发展，化学品的种类和数量不断增加，由此引发的事故也有增多的风险。但化学品与人类的生活密切相关，几乎每个人都在直接或间接地与化学品打交道。因此，如何控制化学品的危害，有效地利用化学品，保障人民的生命、财产和环境安全，已成为世界各国关注的焦点。我国在化学品安全管理方面颁布了一系列的法规和标准，对化学品安全使用和控制方法进行了规范。

工程技术控制是控制化学品危害最直接、最有效的方法，其目的是通过采取相应的措施消除工作场所中化学品的危害或尽可能降低其危害程度，以免造成人身伤害和环境污染。常见的工程技术控制有替代、变更工艺、隔离、通风。

（1）替代

选用无毒或低毒的化学品，替代有毒有害的化学品是消除化学品危害最根本的方法。世界各国都把此当作一个非常重要的研究方向，我国也一直投入大量人力和物力进行此方面的改进。如：研制使用水基涂料或水基黏合剂替代有机溶剂基涂料或黏合剂；使用水基洗涤剂替代溶剂基洗涤剂；使用三氯甲烷作脱脂剂而取代三氯乙烯；在喷漆和除漆领域，用毒性小的甲苯代替苯；在颜料领域，用锌（钛）氧化物替代铅氧化物；用高闪点化学品取代低闪点化学品等。

（2）变更工艺

虽然替代是首选方案，但是目前可供选择的替代品种类和数量有限，特别是因技术和经济方面的原因，不可避免地要生产、使用危险化学品。这时可考虑变更工艺，如改喷涂为电涂或浸涂，改人工装料为机械自动装料，改干法粉碎为湿法粉碎等。有时也可以通过设备改造来控制危害，如氯碱厂电解食盐的过程中，生成的氯气过去是采用筛板塔直接用水冷却，造成现场空气中的氯含量远远超过国家卫生标准，含氯废水量大，还造成氯气的损失。后来改用钛制列管式冷却器进行间接冷却，不仅含氯废水量减少，而且现场的空气污染问题也得到较好的解决。

（3）隔离

隔离就是将人员与危险化学品分隔开来，是控制化学危害最彻底、最有效的措施。最常用的隔离方法是将生产或使用的化学品用设备完全封闭起来，使人员在操作过程中不接触化学品。如隔离整个机器，封闭加工过程中的扬尘点，都可以有效地限制污染物的扩散。

（4）通风

对于工作场所中的有害气体、蒸气或粉尘，通风是最有效的控制措施之一。借助有效的通风，使气体、蒸气或粉尘的浓度低于最高容许浓度。通风方式分为局部通风和全面通风两种。

点式扩散源，可使用局部通风。通风时，应使污染源处于通风罩控制范围内。为确保通风系统的高效运行，通风系统设计方案要合理。已安装的通风系统，要经常维护和保养，使其运行状态良好。

面式扩散源，应使用全面通风。全面通风亦称稀释通风，其原理是向工作场所提供新鲜空气，抽出污染空气，进而稀释有害气体、蒸气或粉尘，从而降低其浓度。采用全面通风时，在厂房设计时就要考虑空气流向等因素。全面通风的目的不是消除污染物，而是将污染物分散稀释，所以全面通风仅适合于低毒性、无腐蚀性污染物存在的工作场所。

2.3　实验室消防安全

2.3.1　火灾的分类与特点

国家标准《火灾分类》（GB/T 4968—2008）中根据可燃物的类型和燃烧特征，将火灾定义为A类、B类、C类、D类、E类和F类六种不同的类别。有关不同类型火灾的定义和举例可参见表2.1。

表2.1　火灾分类

类别	定义	实物举例
A类火灾	固体物质火灾	木材、棉、毛、麻或纸张火灾等
B类火灾	液体或可熔化的固体物质火灾	汽油、煤油、原油、甲醇、乙醇、沥青或石蜡火灾等
C类火灾	气体火灾	煤气、天然气、甲烷、乙烷、丙烷或氢气火灾等
D类火灾	金属火灾	钾、钠、镁、钛、钙、锂或铝镁合金火灾等
E类火灾	带电火灾	变压器等设备的电气火灾
F类火灾	烹饪器具内的烹饪物火灾	油锅起火

除按以上分类外，还将火灾按等级划分。依据《生产安全事故报告和调查处理条例》（国务院令第493号）和《关于调整火灾等级标准的通知》（公消〔2007〕234号），将火灾等级增加为四个等级，由原来的特大火灾、重大火灾和一般火灾三个等级调整为特别重大火灾、重大火灾、较大火灾和一般火灾四个等级。

特别重大火灾：造成30人以上死亡，或者100人以上重伤，或者1亿元以上直接财产损失的火灾。

重大火灾：造成10人以上30人以下死亡，或者50人以上100人以下重伤，或者5000万元以上1亿元以下直接财产损失的火灾。

较大火灾：造成3人以上10人以下死亡，或者10人以上50人以下重伤，或者1000万元以上5000万元以下直接财产损失的火灾。

一般火灾：造成3人以下死亡，或者10人以下重伤，或者1000万元以下直接财产损失的火灾。

分类等级中的“以上”包括本数，“以下”不包括本数。

火灾是指在时间或空间上失去控制的燃烧所造成的灾害。火灾通常具有严重性、突发性、复杂性等特点。严重性是指火灾的危害大，造成人员伤亡和重大经济损失。

而且火灾往往在人们意想不到的时间与空间突然发生，具有突发性。另外，发生火灾事故的原因及过程也是多种多样的。如引起火灾的火源有明火、化学反应热、高温、摩擦、电火花、自热等，引起燃烧的可燃物有气体、液体、固体。有的着火过程缓慢，有的则发生突然、发展迅速。火灾的复杂性也使得火灾后寻找火灾的起因与起火点成为事故调查的主要任务。在火灾扑救时，必须根据不同的火源和可燃物（特别是化学品着火），采取不同的灭火方法，否则将会造成更大的伤害与损失。

火灾从引燃到熄灭可分为四个阶段，在不同阶段，需要采取的应对灭火措施也有所不同。

① 初期阶段：从出现明火开始，此时燃烧的面积较小，只限于局部着火点处的可燃物质的燃烧。此时燃烧的发展缓慢，有可能形成火灾，也有可能自行熄灭，是最佳扑救期，处置得当可大大减少伤害与损失。

② 发展阶段：燃烧一定时间后，燃烧的范围扩大，强度增大，温度升高，室内的可燃物质在高温的作用下不断分解放出可燃气体，使室内绝大部分可燃物质起火燃烧。这种在限定空间内，可燃物质的表面全部卷入燃烧的状态为轰燃，标志室内火灾进入全面发展阶段，非专业人员必须撤离。

③ 猛烈阶段：释放大量热，空间温度急剧上升，此时火灾必须由专业队伍扑救，并以控制火势、防止扩散为主。

④ 熄灭阶段：燃烧的后期阶段，随着可燃物燃烧殆尽或灭火剂发挥作用，火灾的燃烧速度减慢，燃烧强度减弱，温度下降，火势逐渐减弱直至熄灭。此时局部温度仍然较高，遇到合适的条件有可能发生复燃现象，危险性不容忽视。

2.3.2 实验室爆炸事故原因

① 随意混合化学药品。氧化剂和还原剂的混合物反应过于激烈失去控制或在受热、摩擦或撞击时发生爆炸。

② 在密闭体系中进行蒸馏、回流等加热操作。

③ 在加压或减压实验中使用不耐压的玻璃仪器。

④ 大量易燃易爆气体，如氢气、乙炔、煤气和有机蒸气等逸入空气，引起燃爆。

⑤ 一些本身容易爆炸的化合物，如硝酸盐类、硝酸酯类、芳香族多硝基化合物、乙炔及其重金属盐、有机过氧化物（如过氧乙醚和过氧酸）等，受热或被敲击时会爆炸。强氧化剂与一些有机化合物如乙醇和浓硝酸混合时也会发生猛烈的爆炸反应。

⑥ 在使用和制备易燃、易爆气体，如氢气、乙炔等时，不在通风橱内进行，或在其附近点火。

⑦ 搬运气体钢瓶时不使用钢瓶车，而让气体钢瓶在地上滚动，或撞击气体钢瓶表头，随意调换表头，或气体钢瓶减压阀失灵等。

一些易发生爆炸事故的混合物如表 2.2 所示。

表 2.2　易发生爆炸事故的混合物

<table>
<tr><th>混合物</th><th>混合物</th></tr>
<tr><td>镁粉和重铬酸钾</td><td>混合有机化合物</td></tr>
<tr><td rowspan="2">镁粉和硝酸银
（遇水发生剧烈爆炸）</td><td>还原剂和硝酸铅</td></tr>
<tr><td>氯化亚锡和硝酸铋</td></tr>
<tr><td>镁粉和硫黄</td><td>浓硫酸和高锰酸钾</td></tr>
<tr><td>锌粉和硫黄</td><td>三氯甲烷和丙酮</td></tr>
<tr><td>铝粉和氧化铅</td><td>铝粉和氧化铜</td></tr>
</table>

2.3.3　预防火灾的基本方法

① 控制可燃物。尽量选择不燃、难燃、阻燃的材料；采取排风或通风措施，降低可燃气体、蒸气和粉尘在室内的浓度；严格控制实验室化学品的数量，严格分类存放措施。

② 隔绝空气。隔绝空气，使燃烧无法进行。如惰性气体保护，将金属钠保存在煤油中，白磷保存在水中。

③ 清除火源。隔离或远离火源，采用防爆照明、防爆开关，检查更换老化电线，仪器接地，消除静电，防止可燃物遇见明火或温度失控而引起火灾。

④ 阻止火势。在可燃气体管路上安装阻火器、水封装置；在建筑物之间留有防火间距，建有防火墙、防火门，设防火分区等。

⑤ 安装监控、报警与自动喷淋装置。在房间与走廊安装易燃气体及火情监控、报警与自动喷淋装置。

烟感报警器也叫烟雾报警器，通过监测烟雾的浓度来实现火灾防范，被广泛运用到各种消防报警系统中。其上面发光二极管大约每分钟闪烁一次。房间内一般 25～40m^2 装一个烟雾报警器。

工作原理：当环境中无烟雾时，接收管接收不到红外发射管发出的红外线，后续采样电路无电信号变化；当环境中有烟雾时，烟雾颗粒使发射管发出的红外线发生散射，散射的红外线的强度与烟雾浓度有一定线性关系，后续采样电路发生变化，通过报警器内置的主控芯片判断这些变化量来确认是否发生火灾，一旦确认火灾，报警器发出报警信号，火灾指示灯（红色）亮起，并启动蜂鸣器报警。

2.3.4　化学实验室常见火灾扑救方法

化学实验室中的可燃物多种多样，且性质各异，因此一旦失火，应立即采取措施防止火势蔓延。熄灭附近所有火源，切断电源，移开易燃易爆物品，并视火势大小，采取不同的扑救方法。

① 在容器（如烧杯、烧瓶等）中发生的局部小火，可用石棉网、表面皿或者沙子等盖灭。

② 有机溶剂在桌面或者地面上蔓延燃烧时，不得用水浇灭，可撒上细沙或用灭火毯灭火。

③ 钠、钾等金属着火时，通常用干燥的细沙覆盖。严禁用水灭火，否则会导致猛烈的爆炸，也不能用二氧化碳灭火。

④ 若衣服着火，立即脱除衣物，切勿慌张奔跑，以免风助火势。小火一般可用湿抹布、灭火毯等包裹使火熄灭。若火势较大，可就近用水龙头浇灭。若衣物无法脱除，必要时可就地卧倒打滚，一方面防止火焰烧向头部，另一方面在地上压住着火处，使其熄灭。

⑤ 在反应过程中，若因冲料、渗漏、油浴着火等引起反应体系着火，情况比较危险，处理不当会加重火势。扑救时谨防冷水溅在着火处的玻璃仪器上或灭火器材击破玻璃仪器，造成严重的泄漏而扩大火势。有效的扑灭方法是用几层灭火毯包住着火部位，隔绝空气使其熄灭，必要时在灭火毯上撒些细沙。若仍不奏效，必须使用灭火器，须由火场的周围逐渐向中心处扑灭。

⑥ 电器着火时要先切断电源，然后用灭火器或者水灭火；无法断电的情况下，禁止用水等导电液体灭火，应用沙子或二氧化碳灭火，还可用干粉灭火器灭火。

与此同时，化学实验室火灾预防措施也同样重要。

① 严禁在开口容器或密闭体系中用明火加热有机溶剂。需用明火加热易燃有机溶剂时，必须要有蒸气冷凝装置或合适的尾气排放装置。

② 废溶剂严禁倒入污物缸。应倒入回收瓶内集中处理。

③ 金属钠严禁与水接触。实验后的少量废钠通常用乙醇处理。

④ 不得在烘箱内存放、干燥、烘烤有机物。实验后的产物通常含有一些易燃的溶剂、低沸点的反应原料，以及不明特性的物质，如果使用烘箱烘干，烘箱中的电加热丝特别容易引起火灾。

⑤ 使用氧气钢瓶时不得让氧气大量逸入室内。在含氧量约 25%的大气中，物质燃烧所需的温度比在空气中低得多，且燃烧剧烈不易扑灭。

2.3.5 灭火器的使用方法

实验室应根据《建筑灭火器配置设计规范》（GB 50140—2005）的规定，在位置明显、便于取用的地点配备与实验室内易燃易爆物质、腐蚀性物质和毒害性物质等相适应的消防器材，如灭火器、灭火毯、消防沙及其他灭火设备。当实验室不慎失火时，切莫惊慌失措，应沉着冷静处理。根据现场具体情况，选择合适的灭火器材，迅速灭火。

（1）泡沫灭火器

工作原理：灭火时，能喷射出大量泡沫，它们能黏附在可燃物上，使可燃物与空气隔绝，达到灭火的目的。泡沫封闭了燃烧物表面后，可以阻断火焰对燃烧物的热辐射，阻止燃烧物的蒸发或热解挥发，使可燃气体难以进入燃烧区。另外，泡沫析出的液体对燃烧表面有冷却作用，泡沫受热蒸发产生的水蒸气还有稀释燃烧区氧气的作用。泡沫灭火器又分为:手提式泡沫灭火器，推车式泡沫灭火器和空气式泡沫灭火器。

适用范围：蛋白泡沫灭火器、氟蛋白泡沫灭火器、水成膜泡沫灭火器适用于扑救A类和B类中可燃液体的火灾，不适用于扑灭D类火灾、E类火灾以及与水发生燃烧爆炸的物质的火灾。

使用方法：右手托着压把，左手托着灭火器底部，轻轻取下灭火器，右手提着灭火器到现场，捂住口鼻，颠倒灭火器呈垂直状态，用劲上下晃动，然后放开喷嘴，右手抓筒耳，左手抓筒底部，站在离火源8米处喷射，并不断向前进，直至把火扑灭。

泡沫灭火器存放应选择干燥、阴凉、通风并取用方便之处，不可靠近高温或可能受到暴晒的地方，以防止碳酸分解而失效；冬季要采取防冻措施，以防止冻结；应经常擦除灰尘、疏通喷嘴，使之保持通畅。

酸碱型灭火器、化学泡沫灭火器的灭火剂对灭火器筒体腐蚀性强，使用时要倒置，容易产生爆炸危险。氯溴甲烷灭火器、四氯化碳灭火器的灭火剂毒性大，已经淘汰。这些灭火器类型列入了国家颁布的淘汰目录，产品标准也已经废止。

（2）干粉灭火器

工作原理：利用二氧化碳或氮气作为动力，将干粉灭火剂喷出灭火。

适用范围：碳酸氢钠干粉灭火器适用于易燃、可燃液体、气体及电气设备的初起火灾；稀酸铵盐干粉灭火器除可用于上述情况外，还可扑灭固体可燃物初起火灾。

使用方法：使用前将灭火器上下颠倒几次，使筒内干粉松动，然后将喷嘴对准燃烧最猛烈处，拔出保险销，压下压把。干粉灭火器如图2.1（a）所示。

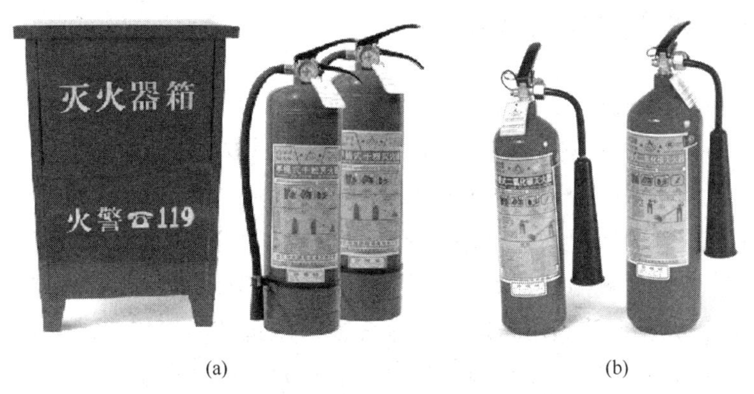

(a) (b)

图2.1 干粉灭火器（a）与二氧化碳灭火器（b）

（3）二氧化碳灭火器

工作原理：二氧化碳不能燃烧，也不支持燃烧，依靠窒息作用和部分冷却作用灭火。

适用范围：主要用于精密仪器、600V以下电气设备、图书资料、易燃液体和气体等的初起火灾。不能用于扑灭金属及含有氧化基团的化学物质引起的火灾。

使用方法：拔出灭火器的保险销，把喇叭筒往上扳 70°～90°，一只手托住灭火器筒底部，另一只手握住启动阀的压把，对准目标，压下压把。二氧化碳灭火器如图 2.1（b）所示。

（4）消防沙箱

工作原理：隔绝空气，降低界面温度。

适用范围：干沙对扑灭金属起火、地面流淌火特别安全有效。

使用方法：将干沙储存于容器中备用，灭火时，将沙子撒于着火处。

（5）灭火毯

工作原理：隔离热源及火焰。由玻璃纤维等材料经过特殊处理和编制而成的织物，能起到隔离热源及火焰的作用，盖在燃烧的物品上，使燃烧无法得到氧气而熄灭。

适用范围：适用于大多数初期火灾，尤其是着火范围较小的火灾，还能避免燃烧引起的火花飞溅。此外，灭火毯可披在身上，起到隔绝外界火焰与高温的作用。

使用方法：双手拉住灭火毯包装外的两条手带，向下拉出灭火毯，将灭火毯完全抖开后，将灭火毯覆盖在火源上，直至火源冷却。

（6）消防栓

工作原理：射出充实水柱，扑灭火灾。

适用范围：主要供消防车从市政给水管网或者室外消防给水管网取水实施灭火，也可以直接连接水带、水枪出水灭火。

使用方法：打开消火栓门，取出水带连接水枪，甩出水带，水带一头插入消火栓接口，另一头连好水枪，按下水泵开关，打开阀门，握紧水枪，将水枪对准着火部位出水灭火。

2.3.6 火灾现场安全疏散及逃生

（1）人员的安全疏散与逃生自救

火灾发生后，人员的安全疏散与逃生自救最为重要。在此过程中要注意以下几点。

① 稳定情绪，保持冷静，维护好现场秩序。

② 在能见度差的情况下，采用拉绳、拉衣襟、喊话、应急照明等方式引导疏散。

③ 当烟雾较浓、视线不清时不要奔跑，左手用湿毛巾捂住口鼻等做好防烟保护，右手向右前方顺势探查，靠消防通道右侧摸索紧急疏散指示标志，顺着紧急疏散指示标志引导的疏散逃生路线，以半蹲、低姿的姿势安全迅速撤离。

④ 当楼房着火时，要利用现场的有利条件快速疏散，在疏散过程中，需要注意：

a．观察所在楼房、楼道和区域的消防疏散逃生通道；

b．准确判断火势情况，在烟雾较浓时要低姿蹲逃；

c．在逃生的出路被火封住时，要淋湿身体并尽量用湿棉被、湿毛毯等不燃烧、难燃烧的物品披裹住身体冲出；

d．在楼梯被烧断时，可通过屋顶、阳台、落水管等逃生，用床单结绳滑下；

e．被困火场时可向背火的窗外扔东西求救；

f．被困在顶楼时，可从屋顶天窗进入楼顶，尽一切可能求救并等待救援；

g．发生火灾时，不能乘电梯，以免被困在电梯内无法逃生；

h．三楼以上在无防护的情况下不能跳楼；

i．如果身上着火，要快速扑打，一定不能奔跑，可就地打滚、跳入水中，或用衣物、被子覆盖灭火；

j．要维持好火灾现场的秩序，防止疏散出的人员因眷恋抢救亲人或财物而返回火场，再入“火口”。

（2）物资的疏散

① 应紧急疏散的物资主要有：易燃易爆、有毒有害的化学药品，汽油桶、柴油桶、爆炸品、气瓶、有毒物品；价值昂贵的物资；怕水物资，如糖、电石等。

② 组织疏散的要求：一是编组；二是先疏散受水、火、烟威胁最大的物资；三是疏散出的物资应堆放在上风方向，并由专人看护；四是应用苫布对怕水的物资进行保护。

2.3.7 火灾烧伤救护

当发生火灾时，如造成身体伤害，不可随意简单处理，应根据烧伤的不同类型，采取以下急救措施。

（1）采取有效措施扑灭身上的火焰，迅速脱离致伤现场

当衣服着火时，应采用各种方法尽快地灭火，如水浸、水淋、就地卧倒翻滚等，千万不可直立奔跑或站立呼喊，以免助长燃烧，引起或加重呼吸道烧伤。灭火后伤员应立即将衣服脱去，如衣服和皮肤黏在一起，可在救护人员的帮助下把未黏的部分剪去，并对创面进行包扎。

（2）防止休克、感染

为防止伤员休克和创面发生感染，应给伤员口服止痛片（有颅脑损伤或重度呼吸道烧伤时，禁用吗啡）和磺胺类药物，或肌肉注射抗生素，并口服淡盐水、淡盐茶水等。一般以少量多次为宜，如发生呕吐、腹胀等，应停止口服。禁止伤员单纯喝白开水或糖水，以免引起脑水肿等并发症。

（3）保护创面

在火灾现场，烧伤创面一般可不做特殊处理，尽量不要弄破水泡，不能涂龙胆紫一类有色的外用药，以免影响对烧伤面深度的判断。为防止创面继续污染，避免加重感染和加深创面，创面应立即用三角巾、大纱布块、清洁的衣服和被单等，给予简单包扎。手足被烧伤时，应将各个指、趾分开包扎，以防粘连。

（4）合并伤处理

有骨折者应予以固定；有出血时应紧急止血；有颅脑、胸腹部受伤者，必须给予

相应处理，并及时送医院救治。

（5）迅速送往医院救治

伤员经火灾现场简易急救后，应尽快送往附近医院救治。护送前及护送途中要注意防止休克。搬运时动作要轻柔，行动要平稳，以尽量减少伤员痛苦。

2.4 辐射安全

2.4.1 放射性物质及来源

某些物质的原子核能发生衰变，放出我们肉眼看不到也感觉不到、只能用专门的仪器才能探测到的射线，物质的这种性质叫作放射性。放射性物质是指那些能自然地向外辐射能量，发出射线的物质。这些物质一般都是原子量很高的金属，如钚、铀等。放射性物质放出的射线有三种，它们分别是 α 射线、β 射线和 γ 射线。

在现代化实验室、医院、工厂中，人们也在广泛利用电离辐射从事科研、医疗和生产。此外很多现代分析仪器利用电离辐射为探针进行物质理化性质、物质结构的测试分析，很多仪器装备有 X 射线发生器、电子及离子源等，这些已成为现代科学技术研究中必不可少的手段。因此我们需要掌握一些必备的辐射安全防护方法，最大限度地避免对自身的辐射伤害。

2.4.2 辐射的分类及应用

按照放射性粒了能否引起传播介质的电离，把辐射分为两大类：电离辐射和非电离辐射。电离辐射是指一切能引起物质电离的辐射总称，其种类包括：高速带电粒子（α 粒子、β 粒子、质子等），中性粒子和电磁波（X 射线、γ 射线）。

（1）电离辐射

拥有足够高能量的辐射，可以把原子电离。一般而言，电离是指电子被电离辐射从电子壳层中击出，使原子带正电。由于细胞由原子组成，电离作用可以引起癌症，一个细胞大约由数万亿个原子组成，电离辐射引起癌症的概率取决于辐射剂量及接受辐射生物的感应性。α 射线、β 射线、γ 射线及中子辐射均可以加速至足够高能量电离原子。

（2）非电离辐射

非电离辐射的能量较电离辐射弱，而其对生物活组织的影响近些年才开始研究，不同的非电离辐射可产生不同的生物学作用。

无论是电离辐射还是非电离辐射，都存在于我们的日常生产生活和科学研究中，很多时候我们不知不觉间已经享用到辐射带来的好处，但如果使用不当，也会对我们造成伤害。

2.4.3　辐射的危害

日常生活中人们时刻受到辐射，宇宙射线和自然界中天然放射性核素发出的射线称为天然本底辐射。在我国广东省阳江天然放射性高本底地区，虽然辐射剂量比正常地区高很多，但当地居民的健康状况与对照地区比较，并未发现显著性差异。

辐射对机体造成的损害随着辐射照射量的增加而增大，大剂量的辐射照射会造成被照部位的组织损伤，并导致癌变，即使是小剂量的辐射照射，尤其是长时间的小剂量照射蓄积也会导致照射器官组织诱发癌变，并会使受照射的生殖细胞产生遗传缺陷。

电离辐射对人体细胞组织的伤害作用，主要是阻碍和伤害细胞的活动机能及导致细胞死亡。人体长期或反复受到允许放射剂量的照射能使人体细胞改变机能，出现白细胞过多、眼球晶体浑浊、皮肤干燥、毛发脱落和内分泌失调。较高剂量能造成贫血、出血、白细胞减少、胃肠道溃疡、皮肤溃疡或坏死。在极高剂量放射线作用下，放射性伤害有以下三种类型：

① 中枢神经和大脑伤害。主要表现在虚弱、倦怠、嗜睡、昏迷、震颤、痉挛，可以在两周内死亡。

② 胃肠伤害。主要表现为恶心、呕吐、腹泻、虚弱或虚脱，症状消失后可出现急性昏迷，通常可在两周内死亡。

③ 造血系统伤害。主要表现为恶心、呕吐、腹泻，但很快好转，2～3 周无病症之后，出现脱发、经常性流鼻血，再度腹泻，造成极度憔悴，2～6 周后死亡。

成年人全身蓄积辐射症状如表 2.3 所示。

表 2.3　成年人全身蓄积辐射症状

受照剂量当量/mSv	放射病程度	症状
100 以下	无影响	—
100～500	轻微影响	白细胞减少，多无症状表现
500～2000	轻度	疲劳、呕吐、食欲减退、暂时性脱发、红细胞减少
2000～4000	中度	骨骼和骨密度遭到破坏，红细胞和白细胞数量极度减少，有内出血、呕吐、腹泻症状
4000～6000	重度	造血、免疫、生殖系统以及消化道等脏器受影响，甚至危及生命

虽然射线会对人体造成损伤，但人体有很强的修复功能。对于从事放射性工作人员的职业照射，在辐射防护计量限值的范围内，其损伤也是轻微的、可以修复的。因此，对于辐射的使用，我们既要注意防护，尽可能合理降低辐射的危害，也不必产生恐慌心理，影响我们的正常工作和生活。

2.4.4 辐射的防护

电离辐射防护在于防止不必要的射线照射，保护操作者本人免受辐射损伤，保护周围人群的健康和安全。一般认为，辐射防护的目的主要有三个。

（1）防止有害的确定性效应发生

例如，影响视力的眼晶状体混浊的剂量当量在 15Sv 以上，为了保护视力，防止这一确定性效应的发生，就要保证工作人员眼晶状体的终身累积剂量当量不超过 15Sv。

（2）限制随机性效应的发生率并降低至可接受的水平

辐射防护的目的是使由人为原因引起的辐射所带来的各种恶性疾患的发生率，小到能被自然发生率的统计涨落所掩盖。

（3）消除各种不必要的照射

在这方面，主要是防止滥用辐射，或尽量避免本来稍加努力就可以免受的某些照射。为此，我们要做到防护的三要素，即时间、距离和屏蔽，这也是人们最常用的防护措施。缩短接触时间，加大操作距离或实行遥控，屏蔽防护，在任何有放射性污染或危险的场所，都必须穿工作服、戴胶皮手套、穿鞋套、戴面具和护目镜。在有吸入放射性粒子危险的场所，要携带有氧呼吸器。在进入发生意外事故导致大量放射污染或被多种途径污染的场所时，可穿供给空气的专业防护服。

小知识

居里夫人（1867—1934 年）是电离辐射研究的先驱，诺贝尔物理学奖（1903 年）和诺贝尔化学奖（1911 年）获得者。因当时还不知电离辐射对健康的危害，常年过量暴露，患再生障碍性贫血症。遗留的科研文件仍带过量电离辐射，必须存放于铅盒内，后人查阅时需佩戴防护用具。

2.5 实验室危险源

2.5.1 危险源基本概念

危险源是可能导致人身伤害和（或）健康损害的根源、状态或行为，或其组合。实际工作中危险源很多，存在形式也很复杂。

危险源应由三个要素构成：潜在危险性、存在条件和触发因素。危险源的潜在危险性是指一旦触发事故，可能带来的危害程度或损失大小，或者说危险源可能释放的能量强度或危险物的质量大小。危险源的存在条件是指危险源所处的物理、化学状态和约束条件状态。例如，物质的压力、温度、化学稳定性，盛装压力容器的坚固性，周围环境障碍物等情况。触发因素虽然不属于危险源的固有属性，但它是危险源转化为事故的外因，而且每一类型的危险源都有相应的敏感触发因素。如易燃、易爆物质，热能是其敏感触发因素；又如压力容器，压力升高是其敏感触发因素。因此，一定的危险源总是与相应的触发因素相关联，在触发因素的作用下，危险源转化为危险状态，进而转化为事故。

2.5.2　危险源分类

在科研工作中，经常会遇到很多危险，一般我们将危险源分类如下。

化学品类：药品柜中存放着大量危险化学药品，即使最安全的化学药品也有潜在的危险。化学品具有毒害性、易燃易爆性、腐蚀性等。

生物类：动物、植物、微生物（传染病病原体类等）等危害个体或群体生存的生物因子，存在致病菌污染的危险。

特种设备类：电梯、起重机械、锅炉、压力容器（含气瓶）、高压灭菌锅、压力管道、客运索道、场（厂）内专用机动车等。

电器类：设有加热设备和电源开关，存在火灾和触电的危险。

高电压或高电流、高速运动、高温作业、高空作业等非常态、静态、稳态装置或作业也存在安全隐患。

实验室还存在一些潜在的化学性危害和物理性危害。其中，一般的物理性危害有：①烫伤、机械伤害、触电、滑倒、坠落；②电离与非电离辐射；③采光、照明异常或强光；④压力异常，如真空或高压环境；⑤噪声，震动，如听力损失；⑥高/低温，如中暑、热痉挛、冻伤等。一般的化学性危害有：基于能量或物质与人体的不当接触引起的火灾爆炸、急性中毒、腐蚀或刺激性化学伤害、致癌或慢性中毒的蓄积。

习题

1．判断正误

（1）为了提高实验室使用效率，化学实验室设计时可不用单独设立药品室、仪器室、药品储藏室，要存放得当，相应的设备和试剂可放在实验室中，以便使用。

（2）监控系统包括视频监控、火灾监控、气体泄漏监控等设备，对于特殊仪器设备可能使用的危险气体，可安装例如氢气、一氧化碳等可燃气体的探头，并具备报警功能。

（3）为避免不同负载之间的相互干扰，实验室的照明用电、空调用电和仪器设备用电等最好分开布线。

（4）人员触电时，应该抓紧时间先救人，再去切断电源，以防延误救人时机。

（5）如果身上着火，要快速扑打，一定不能奔跑，可就地打滚、跳入水中，或用衣物、被子覆盖灭火。

（6）发生火灾时，当烟雾较浓看不清前方道路出口时，可以乘坐电梯以较快的方式逃生。

（7）警示标志的正面或其邻近，不得有妨碍视线的固定障碍物，并尽量避免被其他临时性物体遮挡。

2．选择题

（1）实验室常用的局部排风设施有各种排放罩、通风柜、药品柜、气瓶柜等，目前用得最多的是________。

A．排风罩　　B．通风柜　　C．药品柜　　D．气瓶柜

（2）火灾发展都有一个从小到大、逐步发展至熄灭的过程，这个过程一般分为初期、发展、猛烈、下降和熄灭五个阶段。其中，________阶段是扑救火灾的最佳阶段，灭火扑救的过程中，要抓紧时机，正确使用灭火原理，有效控制火势，力争将火灾扑灭在此阶段。

A．初期　　B．发展　　C．猛烈　　D．下降

（3）二氧化碳灭火的原理主要是________。

A．冷却灭火　　B．隔离灭火　　C．窒息灭火　　D．抑制灭火

（4）容器中的溶剂或易燃化学品发生燃烧应________，进行处理。

A．用干粉灭火器灭火

B．加水灭火

C．用不易燃的瓷砖、玻璃片盖住瓶口

D．用湿抹布盖住瓶口

（5）在对灭火器进行检查时，当压力表指针指向________区域时表示灭火器内压力不足。

A．绿色　　B．黄色　　C．红色　　D．黑色

（6）干粉灭火器和泡沫灭火器灭火运用的是________原理。

A．冷却灭火　　B．隔离灭火　　C．窒息灭火　　D．抑制灭火

第三章

特种设备使用要求

伴随高校实验课程逐渐丰富，特种设备的数量也随之增多。特种设备是指涉及生命安全、危险性较大的锅炉、压力容器（含气瓶，下同）、压力管道、电梯、起重机械、客运索道、大型游乐设施和场（厂）内专用机动车辆。其中锅炉、压力容器、压力管道为承压类特种设备；电梯、起重机械、客运索道、大型游乐设施为机电类特种设备。

据不完全统计，特种设备发生安全事故绝大多数是操作人员的不安全行为或设备的不安全状态所造成的。据相关资料显示，全国由特种设备作业人员未取得相应作业资质和违规操作所造成的安全事故数位于首位。高校实验室特种设备种类繁多、操作复杂且处于特定环境之中，还涉及特定使用人员，如专任教师、实验技术人员、研究生、本科生等，这些使用人员往往缺乏系统的、全面的特种设备安全教育，从而导致实验室存在很大的安全隐患。因此，基于高校实验室特种设备的复杂性，对师生进行专项的安全教育，以此避免实验室安全事故的发生是一项十分必要的工作。

3.1 高校特种设备分布及管理

高校特种设备包括锅炉及压力容器、电梯、起重设备等，涉及的种类较为丰富，其中电梯多存在于教学楼及实验楼，由物业公司负责管理。压力管路及元件一般多分布在食堂等，由后勤服务公司负责管理。实验室涉及的特种设备主要为各类压力容器，包括高压灭菌锅、气瓶和反应釜。一些特种设备与教学相关，放置在实验室及科研室，比如，重型机械实验室的起重机，化工及生物等实验室的锅炉及压力容器，各类实验室的气瓶。科研实验室特种设备较为集中，设备类型少，操作相对简单，有明确的管理人员及操作人员，实验室管理相对规范，实验室针对特种设备情况制定相关的管理规程，但并未制定应急预案，设备使用人员是教师及学生，使用人员具有固定化特点。教学实验室学生流动性大，无法设置固定的管理人员，设备管理相对混乱，甚至部分教师无证上岗，此情况体现出高校对特种设备管理工作的不重视。

《中华人民共和国特种设备安全法》中对特种设备有明确的管理要求，特种设备在购置后应在安全管理单位登记，获得相关的使用证书。使用单位根据技术规范严格管理特种设备，在规定时间向检验机构提出申请，检验合格后方可继续使用。特种设备具有专业性特点，对高校实验室特种设备管理人员提出较高的要求。高校实验室中的特种设备分布广泛、数量众多，包括压力容器及安全附件、压力管道等，也包括一些气瓶，其中含有氧气及天然气、乙炔等，此类气体属于易燃易爆炸危险品。不同种类特种设备管理要求不同，安全附件中相关特种设备应当每间隔一年进行一次检验，根据投入使用情况适当对检验周期进行动态调整。此情况下，高校实验室特种设备管理难度随之提升，教师及学生对管理要求认识不足，在使用过程中容易发生安全事故。

气瓶是实验室最常见的特种设备，我国的气体安全管理法律法规比较分散，例如《气瓶安全监察规定》《特种设备安全监察条例》《危险化学品安全管理条例》《氢气使用安全技术规程》等，分散到特种设备、危险化学品管理等领域，缺乏统一性的规范指导，高校在落实工作的过程中找不到有效的方法。高校缺乏系统的用气安全教育培训，因此管理人员缺乏相应的知识和技能，也很难对师生进行有效指导，导致师生对气体法律法规不熟悉，对安全操作技能掌握不熟练。

由于国外一些高校安全意识较强，因此对气体的管理也非常严格和规范。很多高校规定在使用气瓶前必须接受气瓶安全教育培训，气瓶必须放置在规定的安全位置并有效固定，运输气瓶时需要穿防护鞋，气瓶运输的电梯中不能有其他人等，实验室根据面积要控制可燃气瓶的数量，氧气瓶与其他气瓶要相隔一定距离等。实验室如果出现用气安全问题，若不及时整改就会被关闭。此外，为了最大限度保证安全，国外高校进行全部或者部分集中供气，对压缩空气、氮气等气体进行集中供应。苏黎世联邦理工学院实验室楼有专门的气体间，集中供应液氮，这样便减小了液氮分散在各个实验室的危险性。鲁汶大学的实验室则不使用任何气瓶，在实验楼下有储备气体的基站，全部由统一的气路管线传送气体。

3.2 高校常见特种设备

3.2.1 压力容器简介

压力容器是指盛装气体或者液体，承载一定压力的密闭设备，其范围规定为：最高工作压力大于或者等于 0.1MPa（表压）的气体、液化气体和最高工作温度高于或者等于标准沸点的液体、容积大于或者等于 30L 且内直径（非圆形截面内边界最大几何尺寸）大于或者等于 150mm 的固定式容器和移动式容器；盛装公称工作压力大于或者等于 0.2MPa（表压），且压力与容积的乘积大于或者等于 1.0MPa·L 的气体、液化气体和标准沸点等于或者低于 60℃液体的气瓶、氧舱。

压力容器的用途极为广泛，它在工业、民用、军工等许多部门以及科学研究的许多领域都具有重要的地位和作用。其中以在化学工业与石油化学工业中应用最多，仅在石油化学工业中应用的压力容器就占全部压力容器总数的 50 %左右。压力容器在化工与石油化工领域主要用于传热、传质、反应等工艺过程，以及贮存、运输有压力的气体或液化气体；在其他工业与民用领域亦有广泛的应用，如空气压缩机。各类专用压缩机及制冷压缩机的辅机（冷却器、缓冲器、油水分离器、贮气罐、蒸发器、液体冷却剂贮罐等）均属压力容器。

3.2.1.1　压力容器的分类

（1）按安装方式分类

① 固定式压力容器：有固定安装和使用地点，工艺条件和操作人员也较固定的压力容器。

② 移动式压力容器：使用时不仅承受内压或外压载荷，搬运过程中还会受到由内部介质晃动引起的冲击力，以及运输过程带来的外部撞击和振动载荷，因而在结构、使用和安全方面均有其特殊的要求。

（2）按安全技术管理分类

① 第三类压力容器（Ⅲ）

a．高压容器。

b．中压容器（毒性程度为极度和高度危害介质）。

c．中压贮存容器（易燃或毒性程度为中度危害介质，且设计压力与容积之积 $pV \geqslant 10\text{MPa} \cdot \text{m}^3$）。

d．中压反应容器（易燃或毒性程度为中度危害介质，且 $pV \geqslant 0.5\text{MPa} \cdot \text{m}^3$）。

e．低压容器（毒性程度为极度和高度危害介质，且 $pV \geqslant 0.2\text{MPa} \cdot \text{m}^3$）。

f．高压、中压管壳式余热锅炉。

g．中压搪玻璃压力容器。

h．使用强度级别较高（抗拉强度规定值下限≥540MPa）的材料制造的压力容器。

i．移动式压力容器，包括铁路罐车（介质为液化气体、低温液体）、罐式汽车（液化气体、低温液体或永久气体运输车）和罐式集装箱（介质为液化气体、低温液体）等。

j．球形贮罐（容积 $V \geqslant 50\text{m}^3$）。

k．低温液体贮存容器（$V \geqslant 5\text{m}^3$）。

② 第二类压力容器（Ⅱ）

a．中压容器。

b．低压容器（毒性程度为极度和高度危害介质）。

c．低压反应容器和低压贮存容器（易燃介质或毒性程度为中度危害介质）。

d．低压管壳式余热锅炉。

e．低压搪玻璃压力容器。

③ 第一类压力容器（Ⅰ）：低压容器且不在第二类、第三类之内者。

3.2.1.2 压力容器的安全附件

压力容器主要有安全阀、爆破片、爆破帽、易熔塞、紧急切断阀、减压阀、压力表、温度计、液位计等安全附件。

① 安全阀：容器内压力高时可自动排出一定数量的流体以减压；当容器内的压力恢复正常后，阀门自行关闭。

② 爆破片：进口静压使爆破片受压爆破而泄放出介质以减压，爆破后不可再用，必须更换，具有非重闭性。

③ 安全阀与爆破片装置的组合：有安全阀与爆破片装置并联组合、安全阀进口和容器之间串联安装爆破片装置、安全阀出口侧串联安装爆破片装置三种组合方式。

④ 爆破帽：超压时其薄弱面发生断裂，泄放出介质以减压，爆破后不可再用，必须更换。

⑤ 易熔塞：属于熔化型（温度型）安全泄放装置，容器壁温度超限时易熔塞，锥形孔内的低熔点金属会熔化流走，主要用于中、低压的小型压力容器（如液化气钢瓶）。

⑥ 紧急切断阀、减压阀：紧急切断阀通常与截止阀串联安装在紧靠容器的介质出口管道上，以便在管道发生大量泄漏时进行紧急止漏，一般还具有过流闭止及超温闭止的性能。减压阀间隙小，介质通过时产生节流，压力下降，可用于将高压流体输送到低压管道。

⑦ 压力表、液位计、温度计

a．压力表：指示容器内介质压力，是压力容器的重要安全装置。

b．液位计：又称液面计，用来观察和测量容器内液体位置变化情况。特别是对于盛装液化气体的容器，液位计是一个必不可少的安全装置。

c．温度计：用来测量压力容器内介质的温度，对于需要控制壁温的容器，必须装设测试壁温的温度计。

3.2.1.3 压力容器的使用与检验

根据《特种设备安全监察条例》规定，压力容器在投入使用前或投入使用后 30 日内，使用单位应当向直辖市或者设区的市的特种设备安全监督管理部门办理登记。同时，使用单位应当建立压力容器安全技术档案，档案内容包括：

① 设备的设计文件、制造单位、产品质量合格证明、使用维护说明等文件以及安装技术文件和资料；

② 设备的定期检验和定期自行检查的记录，至少每月进行一次自行检查；

③ 设备的日常使用状况记录；

④ 设备及其安全附件、安全保护装置、测量调控装置及有关附属仪器仪表的日常

维护保养记录；

⑤ 设备运行故障和事故记录。

设备使用单位应当按照安全技术规范的定期检验要求，在安全检验合格有效期届满前 1 个月向设备检验检测机构提出定期检验要求。

设备操作人员必须经过相关部门组织的培训，持证上岗。

3.2.2 高压灭菌锅

高压灭菌锅又名高压蒸汽灭菌锅，可分为手提式高压灭菌锅、立式高压灭菌锅和卧式高压灭菌锅，是利用电热丝加热水产生蒸汽，并能维持一定压力的装置。主要由一个可以密封的桶体、压力表、排气阀、安全阀、电热丝等组成。

3.2.2.1 高压灭菌锅的使用注意事项

① 灭菌锅应由经过培训合格的人员操作，整个灭菌过程应由专人看管。

② 不能完全依靠自动水位保护，应经常注意水位，以免烧坏电热管。

③ 人工加水时，应先切断电源，将放空阀打开泄压，再打开进水阀加水。切勿在夹层有压力时打开进水阀，加水时放空阀应处于打开状态。

④ 当灭菌室有压力时，不可强制开门。

⑤ 对液体样品灭菌后应慢放气，待液体温度降到 70℃以下时，才能开门。禁止灭菌后立即开门。

⑥ 灭菌过程中如果出现断电或其他原因导致低于灭菌温度时，应从再次达到灭菌温度时重新开始计时。

⑦ 灭菌锅应自行定期进行检查，按照相关规定定期向设备检验检测机构提出定期检验要求。

3.2.2.2 高压灭菌锅的危害与预防

在生活中我们用到的高压锅，其原理就是利用液体在较高气压下沸点会提升这一物理现象，使水在高压下可以达到较高温度而不沸腾，以提高炖煮食物的效率。其优点在于省时及节能，缺点在于不正确操作或有瑕疵时，有可能会发生爆炸造成伤害。同样，在实验过程中看似简单的高压灭菌锅却能带来超乎想象的危险，其压力远比生活中的压力锅大很多，并且温度也远远超过家用高压锅，操作不当将会造成人员损伤。常见的高压灭菌锅的危害为放气阀放气灼伤、排气孔堵塞、灭菌器干烧以及外排水蒸气安全隐患。

（1）放气阀放气灼伤

高压蒸汽灭菌一般在 121℃左右的温度下实现，达到灭菌所需的温度和时间后，部分实验人员为快速取出灭菌物品常采用放气阀放气以实现减压，高温热蒸汽会通过放气阀快速喷出，实验人员有被灼伤的风险。

（2）排气孔堵塞

灭菌袋等被灭菌物如果堵住排气孔，灭菌器内压力失控，会引起容器破裂等重大事故。被灭菌物应完全收纳到不锈钢提篮或提桶中，注意不要将排气孔周围堵住。

（3）灭菌器干烧

灭菌器多次使用时，如未加满足够的水，使灭菌器加热圈过热，加热圈干烧损坏，可能导致起火事故。

（4）外排水蒸气安全隐患

如果灭菌对象是致病微生物，在没有达到灭菌所需的温度之前，高压灭菌器内已具有一定的压强，部分待灭的活菌会随空气排出到灭菌器外，有污染实验室、威胁实验人员健康的潜在风险。

案例

2016 年 5 月 25 日晚，某校一名学生进行高压灭菌操作时，灭菌锅开盖后，装满溶液的试剂瓶发生爆裂，该学生面部、上肢均有不同程度的烫伤和玻璃划伤，眼部受伤。造成该事故的原因是试剂瓶内溶液过满，灭菌锅的温度和压力没按照要求降到规定值。

3.2.3 气瓶

气瓶是高校实验室常见的特种设备之一，无论是化学实验室还是机械制造实验室都会用到气瓶。通常我们所提到的气瓶是指在正常环境温度（−40～60℃）下可重复充气使用，公称工作压力大于或等于 0.2MPa（表压），且压力与容积的乘积大于或等于 1.0MPa・L 的盛装气体、液化气体和标准沸点等于或低于 60℃的液体的移动式压力容器。实验室的气体钢瓶主要是指各种压缩气体钢瓶，其危害主要是气体泄漏造成人员中毒或爆炸、火灾等事故。

3.2.3.1 气瓶的分类

气瓶的种类有很多种，分别按照制造方法、盛装介质的物理状态分类。而我们通常是根据钢瓶的颜色判断气体种类，为了对气瓶的认识更加准确，我们展开学习和讨论。

（1）按制造方法分类

按制造方法进行分类，气瓶可以分为焊接气瓶、管制气瓶、冲拔拉伸制气瓶、缠绕式气瓶。

① 焊接气瓶。焊接气瓶由用薄钢板卷焊的圆柱形筒体和两端的封头组焊而成。焊

接气瓶多用于盛装低压液化气体，例如液化二氧化硫等。

② 管制气瓶。管制气瓶是用无缝钢管制成的无缝气瓶。它两端的封头是将钢管加热放在专用机床上通过旋压或挤压等方式收口成形的。

③ 冲拔拉伸制气瓶。它是将钢锭加热后先冲压出凹形封头，后经过拉拔制成敞口的瓶坯，再按照管制气瓶的方法制成顶封头及接口管等。

④ 缠绕式气瓶。此气瓶是由铝制的内筒和内筒外面缠绕一定厚度的无碱玻璃纤维构成的。铝制内筒的作用是保证气瓶的气密性。气瓶的承压强度依靠内筒外面缠绕成一体的玻璃纤维壳壁（用环氧酚醛树脂等作为黏结剂）。壳体纤维材料容易老化，所以使用寿命一般不如钢制气瓶长。

（2）按盛装介质的物理状态分类

按盛装介质的物理状态分类，气瓶可以分为永久性气体气瓶、液化气体气瓶、溶解气体气瓶。

① 永久性气体气瓶。临界温度低于−10℃的气体称为永久性气体，盛装永久性气体的气瓶称为永久性气体气瓶。例如盛装氧气、氮气、空气、一氧化碳及惰性气体等的气瓶均属此类。其常用标准压力系列为15MPa、20MPa、30MPa。

② 液化气体气瓶。临界温度等于或高于−10℃的各种气体，它们在常温、常压下呈气态，而经加压和降温后变为液体。在这些气体中，有的临界温度较高（高于70℃），如硫化氢、氨、丙烷、液化石油气等，称为高临界温度液化气体，也称为低压液化气体。储存这些气体的气瓶为低压液化气体气瓶。在环境温度下，低压液化气体始终处于气液两相共存状态，其气相的压力是相应温度下该气体的饱和蒸气压。按最高工作温度为60℃考虑，所有高临界温度液化气体的饱和蒸气压均在5MPa以下，所以，这类气体可用低压气瓶充装。其标准压力系列为1.0MPa、1.6MPa、2.0MPa、3.0MPa、5.0MPa。

③ 溶解气体气瓶。这种气瓶是专门用于盛装乙炔的气瓶。由于乙炔气体极不稳定，特别是在高压下，很容易聚合或分解，液化后的乙炔稍有振动即会引起爆炸，所以不能以压缩气体状态充装，必须把乙炔溶解在溶剂（常用丙酮）中，并在内部充满多孔物质（如硅酸钙多孔物质等）作为吸收剂。溶解气体气瓶的最高工作压力一般不超过3.0MPa，其安全问题具有特殊性，如乙炔气瓶内的丙酮喷出，会引起乙炔气瓶带静电，造成燃烧、爆炸、丙酮消耗量增加等危害。

最后，按照气瓶的标志分类，根据气瓶颜色标志、气瓶钢印标志分类是实验室最常用也是最简单的识别方法。

3.2.3.2 气瓶的标志

（1）气瓶颜色标志

实验室气瓶的颜色、字样等内容应按照国家标准GB/T 7144—2016相关要求执行，同时气瓶应设有防倾倒装置。表3.1为实验室常见气瓶标志信息。

表 3.1　常见气瓶标志信息

序号	充装气体	化学式（或符号）	瓶身颜色	字样	字体颜色
1	空气	Air	黑	空气	白
2	氩	Ar	银灰	氩	深绿
3	氦	He	银灰	氦	深绿
4	氮	N_2	黑	氮	白
5	氧	O_2	淡（酞）蓝	氧	黑
6	二氧化碳	CO_2	铝白	液化二氧化碳	黑
7	乙炔	C_2H_2	白	乙炔，不可近火	大红

（2）气瓶钢印标志

气瓶在出厂和检验时都有钢印标记，如图 3.1 和图 3.2 所示。

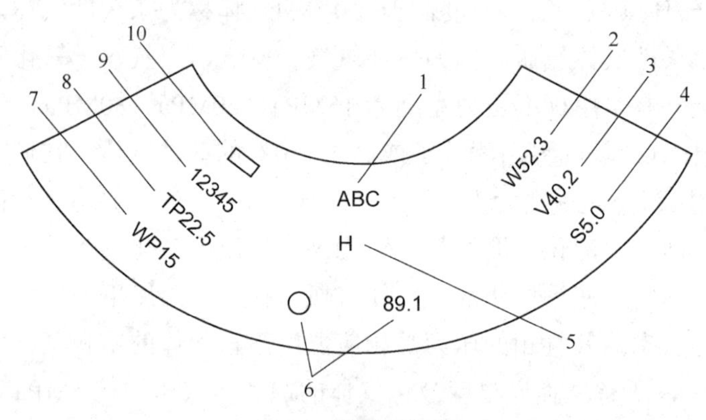

图 3.1　制造钢印标记

1—气瓶制造单位代号；2—实际重量（kg）；3—实际容积（L）；4—瓶体设计壁厚（mm）；5—寒冷地区用气瓶标记；6—制造单位检验标记和制造年月；7—公称工作压力（MPa）；8—水压试验压力（MPa）；9—气瓶编号；10—监督检验标记

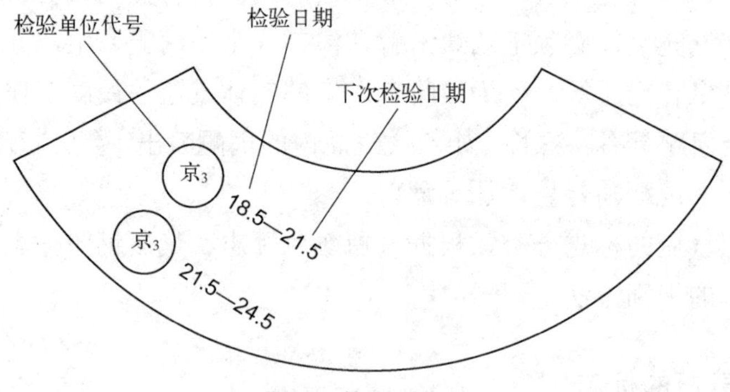

图 3.2　检验钢印标记

由于乙炔气瓶为溶解气体气瓶，内含多孔物质，且需要溶剂，故乙炔气瓶的制造钢印与一般气瓶的有所不同，具体如图 3.3 所示。

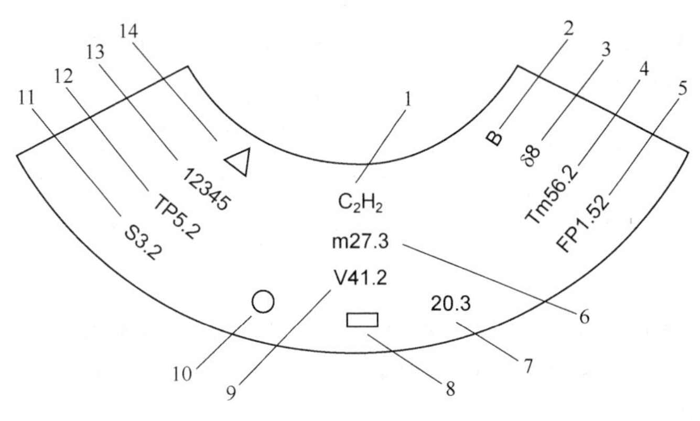

图 3.3 乙炔气瓶制造钢印

1—气体化学分子式；2—非丙酮溶剂的标记；3—钢瓶内填料的孔隙率（%）；4—乙炔瓶皮重（kg）；
5—在基准温度 15℃时的限定压力（MPa）；6—钢瓶质量（kg）；7—制造年月；8—制造厂代号；
9—钢瓶实际容积（L）；10—制造厂检验标记；11—筒体设计厚度（mm）；
12—钢瓶水压试验压力（MPa）；13—乙炔瓶编号；14—监督检验标记

3.2.3.3 气瓶的危害

气瓶是一种承压设备，具有爆炸危险，且其承装介质一般具有易燃、易爆、有毒、强腐蚀等性质，使用环境又因其移动、重复充装、操作及使用人员不固定和使用环境变化的特点，比其他压力容器更为复杂、恶劣。气瓶一旦发生爆炸或泄漏，往往发生火灾或中毒，甚至引起灾难性事故，带来严重的财产损失、人员伤亡和环境污染。

3.2.3.4 气瓶的使用原则

① 储存气体钢瓶的仓库必须有良好的通风、防热和防潮条件，电气设备（电灯、电路）都必须有防爆设施。

② 气体钢瓶必须严格分类分处保存。不同品种的气体不得储存在一起（比如，氧气和氢气不能放置在同一房间内）；直立放置时要固定稳妥；气瓶要远离热源，避免暴晒和强烈震动；氧气属于高度危险气体（氧中毒、爆炸），一间实验室内的氧气瓶原则上数量不得超过一瓶。如实验需要数套设备同时供气，建议使用供气分配管路接用气设备（房间原则上同一类气体只存放一个钢瓶，最多允许存放两瓶实现一用一备）。

③ 气体钢瓶上的减压阀要分类专用。安装时螺扣要旋紧防止泄漏；开、关减压阀和气瓶开关阀时，动作必须缓慢；使用时应先开启气瓶开关阀，后开启减压阀；使用完毕后，先关闭气瓶开关阀放尽余气后，再关闭减压阀。切不可只关闭减压阀而不关闭气瓶开关阀。

④ 氧气钢瓶必须采用氧气专用减压阀（禁油），同时注意非氧气钢瓶不得采用氧气减压阀，否则沾染了油脂的氧气减压阀就有可能会再次使用在氧气瓶上，极易导致爆炸事故发生。

⑤ 钢瓶内压力最大可达 150～200 公斤，钢瓶如不做可靠固定，摔倒后阀芯受到硬物撞击，钢瓶会飞起来并穿过墙体和楼板，造成恶性事故。

⑥ 使用气体钢瓶时，操作人员应站在气瓶侧面，不要正对气瓶接口。严禁敲打撞击气瓶，要经常检查有无漏气现象，并注意压力表读数。

⑦ 氧气瓶或氢气瓶等应配备专用工具，并严禁与油类接触。操作人员不能穿戴沾有各种油脂或易产生静电的服装、手套进行操作，以免引起燃烧或爆炸。

⑧ 可燃性气体和助燃气体钢瓶，与明火的距离应大于 10m（距离不足时，可采取隔离等措施）。

⑨ 使用后的钢瓶，应按规定保留 0.05MPa 以上的残留压力（减压阀表压），不可将气体用尽。可燃性气体（如乙炔）应剩余 0.2～0.3MPa，其中氢气应保留 2MPa，以防止重新充气时发生危险。

3.2.3.5 气瓶使用注意事项

① 气瓶使用单位需确保使用的气体钢瓶标志准确、完好，不得擅自更改气体钢瓶的钢印和颜色标记。

② 气体钢瓶存放地应严禁明火，保持通风和干燥、避免阳光直射。远离热源、放射源、易燃易爆和腐蚀物品，实行分类隔离存放，不得混放，不得放置在走廊和公共场所。

③ 移动气体钢瓶应使用手推车，严禁拖拉、滚动或滑动气体钢瓶。

④ 严禁敲击、碰撞气瓶，严禁使用温度超过 40℃的热源对气瓶加热。

⑤ 实验室内应保持良好的通风，若发现气体泄漏，应立即采取关闭气源、开窗通风、疏散人员等应急措施。切忌在易燃易爆气体泄漏时开关电源。

⑥ 氢气瓶使用时应定期用肥皂水进行漏气检查，确保无漏气。

案例

2015 年 4 月，某大学化工学院一实验室发生爆炸事故，造成 1 人死亡，4 人受伤，直接经济损失约 200 万元。事故发生的直接原因是储气钢瓶装有甲烷、氧气、氮气的混合气体，气瓶内甲烷含量达到爆炸极限范围，开启气瓶阀门时，气流快速流出引起的摩擦热能或静电，导致瓶内气体反应发生爆炸。间接原因是实验人员在实验时操作不当，违规配制实验用气，对甲烷混合气体的危险性认识不足，爆炸气瓶属超期使用，实验室安全管理存在薄弱环节。

3.2.4 反应釜

对反应釜的理解有很多，有的认为实验室稍微大一点的容器就是反应釜，有的认为只有密封性好的金属材质的才是反应釜，还有一部分人认为只有高压设备的反应容器才是反应釜。

其实，反应釜的广义理解为：有物理或化学反应的容器，根据不同的工艺条件需求进行容器的结构设计与参数配置，设计条件、过程、检验及制造、验收需依据相关技术标准，以实现工艺要求的加热、蒸发、冷却及低高速的混合反应功能。其结构一般由釜体、传动装置、搅拌装置、加热装置、冷却装置、密封装置组成。相应配套的辅助设备有分馏柱、冷凝器、分水器、收集罐、过滤器等。反应釜材质一般有碳锰钢、不锈钢、锆、镍基（哈氏、蒙乃尔）合金及其他复合材料。

3.2.4.1　反应釜分类

反应釜的分类可以按照多种方式，分别为加热/冷却方式、釜体材质、工作时内压、搅拌形式以及传热结构。下面，我们分别对上述分类方式展开介绍。

（1）按照加热/冷却方式分类

根据加热/冷却方式不同可分为：电加热、热水加热、导热油循环加热、远红外加热、外（内）盘管加热等，夹套冷却和釜内盘管冷却等。加热/冷却方式的选择主要跟化学反应所需的加热/冷却温度，以及所需热量大小有关。

（2）按照釜体材质分类

根据釜体材质不同可分为：碳钢反应釜、不锈钢反应釜及搪玻璃反应釜（搪瓷反应釜）、钢衬反应釜。

① 碳钢反应釜

适用范围：不含腐蚀性液体的环境，比如某些油品加工。

② 不锈钢反应釜

a．加热结构型式：电加热型，夹套加热型，外盘管加热型，内盘管加热型，容积为0.01～45m^3。

材质：碳钢，不锈钢，耐高温不锈钢，耐强酸强碱不锈钢，搪瓷或聚丙烯（PP）材质等。

b．搅拌型式：斜桨式、锚式、框式、推进式和单（双）螺旋式，且可根据客户要求设计制造其他型式桨叶。

适用范围：适用于石油、化工、医药、冶金、科研、高等院校等部门进行高温、高压的化学反应实验，用来完成水解、中和、结晶、蒸馏、蒸发、储存、氢化、烃化、聚合、缩合、加热混配、恒温反应等工艺过程，对黏稠和颗粒的物质均能达到高度搅拌的效果。

③ 搪玻璃反应釜

适用范围：广泛应用于石油、化工、食品、医药、农药、科研等行业。

a．钢衬塑料（聚乙烯，PE）反应釜

适用范围：适用于酸、碱、盐及大部分醇类，适用于液态的食品以及药品的提炼，是衬胶、玻璃钢、不锈钢、钛钢、搪瓷、塑焊板的理想替代品。

b．钢衬聚四氟乙烯（PTFE）反应釜

适用范围：防腐性能极其优良，能抗各种浓度的酸、碱、盐、强氧化剂、有机化合物及其他所有强腐蚀性化学介质。

（3）按照工作时内压分类

按照工作时内压不同可分为常压反应釜、正压反应釜、负压反应釜。

（4）按照搅拌形式分类

按照搅拌形式不同可分为桨叶式、锚桨式、框式、螺带式、涡轮式、分散盘式、组合式等。

（5）按照传热结构分类

按照传热结构不同可分为夹套式、外半管式、内盘管式及组合式。

3.2.4.2 反应釜的安全危害因素

在操作反应釜过程中，主要安全危害分为爆炸事故和反应釜壳体破裂事故。

（1）反应釜爆炸事故

反应釜的爆炸事故有很多的案例。例如：某化工厂在投料试车阶段发生了一起爆炸事故，爆炸引起了反应釜盖破碎，从车间内的天花板穿过，鉴于爆炸发生在午饭时间，没有造成人员伤亡。通过调查取证，反应釜出现爆炸的原因是化工产品中有大量悬浮物与药物试剂，在反应釜的强酸状态下，这些有机化合物温度会升高，产生化学分解并在蒸发后进入气相中，二氧化硫、烷基化合物这两种化合物都是易燃、易爆的，如果釜内有两种以上的气相可燃物就会引发爆炸。

在反应釜填料的过程中，填料的顺序、填料的多少、填料的快慢等都有可能引起反应釜内的反应产生剧烈的爆炸。尤其是急速热量的产生，易爆气体的急速增加是爆炸产生的主要因素。另外，反应釜内的物料投放过程中的不均匀，局部物料的快速反应引起反应釜内的温度急速上升，物料在短时间内沸腾，剧烈的反应使得反应釜内的物料汽化，压力急速上升，也是引发爆炸的因素之一。爆炸的发生与操作人员的不规范操作也有关系，所以在相关的物料投放和卸料过程中，操作人员一定要按照相关的操作规范进行操作，以避免相关事故的发生。

（2）反应釜壳体发生破裂事故

化工产品氧化温度一般在 150～210℃范围内，釜内压力为 0.2～1.8MPa。鉴于温度比水的沸点高，且釜内的容量较大，一旦出现釜壁破裂在压力的作用下会使溶液全部喷涌出来，急速产生的膨胀冲击将非常大，这种爆炸就是“物理爆炸”。

此外，溶液大部分是酸性溶液，会对厂房内的设备安全造成威胁，为此，厂房出现安全事故多是由反应釜外壳发生破裂造成的。为了防止反应釜出现过于严重的事故，就要结合反应釜的破裂规律制定出防范措施。

当前，我国化工产品的预处理过程中，卧式的反应釜较多，这些反应釜能够沿着其长度划分出 5～7 个反应室，在各个室中都会有 1 个搅拌的叶轮。反应釜在工作过程中，叶轮会不断进行搅拌，这样一来就会使反应釜的内壁出现磨损，如果颗粒越大，搅拌的强度就越大，磨损程度也会随之增大。磨损一般都是均匀呈现的，浆液会不断涌出，加剧磨损。

反应釜外壳的制作材料选择不当或者是质量不达标发生外壳断裂破坏，按照断裂的损伤程度可以分为脆性断裂、疲劳断裂、延性断裂。每种断裂产生的原因都是不同的，其断裂程度也千差万别。

制造过程中容易出现微小破裂。产生这种破裂的主要原因是：材料存在质量问题，且筒体锻制过程中会产生非常多的微小缝隙；电焊试剂会与空气中的气体在高温下相互作用，由此分解出非常多的氢气，这些氢气会聚集在焊接端口，容易使焊口出现裂缝；筒体加工过程中表面的厚度出现不均匀，致使局部厚度位置处出现了裂缝。

3.2.4.3 消除反应釜安全隐患的措施

（1）预防反应釜爆炸

在反应釜运行前，首先要进行预脱药，使其中的有机药剂量大大减少，防止其全部进入反应釜中；要将反应釜内的全部气体排出来，减少气体的积聚；应用二氧化碳的反应流程，浆液会发生逆流。将新鲜的氧气放置到第二段的反应釜当中，再将本段的反应釜排出的气体输入到另一段反应釜当中。这样能够确保二段的反应釜氧气浓度符合标准，将二段产生的二氧化碳气体排入一段反应釜中，从而降低一段反应釜的气体浓度，防止发生爆炸。

（2）预防反应釜破裂

首先要对反应釜的制作材料进行全面检查，严格进场，做好检验工作，确保材料没有残损；筒体与端口锻造过程中，要对工艺条件进行分析与控制，确保锻造与热处理过程中不会产生微小的裂缝；对焊接进行严格控制，做好热处理工艺的准备，降低“氢裂”现象的发生率，每一个工艺都要严格按照工艺卡检验；在制造完反应釜以后，就要对其精度进行检验，确保精度、壁厚、圆度都要能够达到指标；反应釜在出厂前，必须做好压力试验，对局部的变形或者是整体变形度进行检测，防止出现微小裂缝。

（3）加热控制，使温度保持恒温

在反应釜工作期间，应该随时注意温度的恒定，以此来保证反应釜内物料的化学反应需要的相应温度。相关的物料反应需要的温度如果不高，主要通过蒸汽或者加入热水进行加热。加热过程中应该缓慢进行，以免造成剧烈反应。依照物料的反应操作规程，进行相应的操作，既能使反应釜内的相关物料进行充分的反应，又能避免由反应剧烈所造成的爆炸危害的发生，从而使生产效能大大提高，降低生产成本。

（4）反应釜冷却过程中要逐渐冷却控制反应釜压力

使用一定的连锁冷却，一方面，能够减少因温度过高而产生的不必要压力；另一方面，能够减小容器的工作承受负荷。在正常的反应釜操作过程中，主要是应用冷水循环和冷冻液对反应釜过高温度进行冷却，反应釜操作人员能够正常控制的反应过程相对稳定。但是，在实际反应过程中，经常出现温度过高和反应釜中物料反应剧烈的现象，温度和压力急剧增大，为了安全，相关的操作人员需要快速撤离，这就要求在距离反应釜较远的位置设置冷却系统的控制设备。迅速地切断加热源，启动冷却系统，把反应釜的物料反应控制在可控范围内，防止不必要的事故发生。

（5）劳动保护，做到防患于未然

在生产中，人是最为主要的因子。反应釜操作人员的岗位防护装置必不可少，对有易燃易爆气体容易泄漏的工作岗位，应该安装空气置换装置，时刻保证操作岗位易燃易爆空气的相对浓度值较低，这样既有利于反应操作又能保证操作人员的人身健康。同时又要防范有毒有害气体对反应操作室的污染，尽可能选择有利于空气扩散的位置，同时加装消除有害有毒气体的抽风设备装置。

3.2.4.4 反应釜安全操作规程

① 检查与反应釜有关的管道和阀门，在确保符合受料条件的情况下，方可投料。

② 检查搅拌电机、减速机、机封等是否正常，减速机油位是否适当，机封冷却水是否供给正常。

③ 在确保无异常情况下，启动搅拌，按规定量投入物料。$10m^3$ 以上反应釜或搅拌有底轴承的反应釜严禁空运转，确保底轴承浸在液面下时，方可开启搅拌。

④ 严格执行工艺操作规程，密切注意反应釜内温度和压力以及反应釜夹套压力，严禁超温和超压。

⑤ 反应过程中，应做到巡回检查，发现问题，应及时处理。

⑥ 若发生超温现象，立即用水降温。降温后的温度应符合工艺要求。

⑦ 若发生超压现象，应立即打开放空阀，紧急泄压。

⑧ 若停电造成停车，应停止投料；投料途中停电，应停止投料，打开放空阀，给水降温。长期停车应将釜内残液清洗干净，关闭底阀、进料阀、进汽阀、放料阀等。

3.2.4.5 突发事件紧急处理方法

（1）温度、压力上升过快，立即切换工作阀

对于温度、压力上升过快的情况，应该立即找到相应的控制阀门进行停止，可迅速关闭蒸汽（或热水）加热阀，开启冷却水（或冷冻水）冷却阀，迅速开启放空阀，在无放空阀及温度、压力仍无法控制时，迅速开启设备底部放料阀弃料，如果仍无效果则立即通知人员撤离。

（2）遇有毒有害物泄漏，立即撤离防范

对于在工厂内操作的人员，迅速佩戴正压式呼吸器并关闭（或严密）有毒有害物泄漏阀门。立即通知周围人员迅速往上风向撤离该现场；在无法关闭有毒有害物阀门时迅速通知下风向（或四周）单位及人员撤离或做好防范工作，并根据物质特性喷洒处理剂进行吸收、稀释等处理。

（3）对于人员受伤，采用多种措施立即处理

在急救的过程中，应该根据人员的受伤情况，予以处理。由食入引起中毒时，饮足量温水，催吐，或饮用牛奶或蛋清解毒，或服其他药物导泻；由皮肤接触引起中毒时，立即脱去污染的衣物，用大量流动清水冲洗，就医；当人员身体皮肤被大面积灼伤时，立即用大量清水洗净被烧伤面，冲洗时间在15min左右，更换无污染的衣物后迅速送往医院就医。

习题

1．选择题

（1）气瓶使用时气瓶内气体不能用尽，永久气体气瓶的剩余压力应不小于________。

A．0.03MPa　B．0.05MPa　C．0.08MPa　D．0.1MPa

（2）安全阀是一种________装置。

A．计量　B．联锁　C．报警　D．泄压

（3）压力容器在正常工艺操作时可能出现的最高压力是________。

A．最高工作压力　B．工作压力

C．设计压力　D．最高设计压力

（4）氧气钢瓶不得与________混合存放。

A．乙炔钢瓶　B．氩气钢瓶　C．氮气钢瓶　D．液化气钢瓶

（5）开启气瓶瓶阀时，操作者应该站在________。

A．侧面　B．正面　C．后面

（6）搬运气瓶时，应该________。

A．戴好瓶帽，轻装轻卸

B．随便挪动

C．无具体安全规定

（7）工作压力为5MPa的压力容器属于________。

A．高压容器　B．中压容器　C．中低压容器　D．低压容器

2．问答题

（1）请列举出各种气瓶的应用范围和使用条件、储存方式。

（2）高压灭菌锅分为哪几种？

（3）特种设备通常在高校中有哪几类，分别如何管理维护？

第四章

危险化学品管理要求

一直以来，我国高度重视危险化学品的安全管理工作，明确了“安全第一，预防为主，综合治理”的管理方针，并逐步构建了一套完整的危险化学品安全管理法律体系，推动危险化学品安全管理工作进入规范化、制度化、科学化的良性发展轨道。

危险化学品安全管理课程内容设置直接影响学生的注意力和兴趣。课程内容一般从危险化学品的发展史、社会活动与危险化学品的内在联系、生态文明建设的客观要求和经济可持续发展的迫切需要等方面进行概述。

法律和法规是能约束人们合法合规管理危险化学品的有效手段，早在 1990 年 6 月，国际劳工组织讨论通过了《作业场所安全使用化学品公约》，旨在保护人类生命健康和生态环境。自 2002 年联合国经济及社会理事会等建立全球化学品统一分类和标签制度（Globally Harmonized System of Classification and Labeling of Chemicals，简称 GHS）以来，GHS 逐步在全球范围实施。第一部 GHS 发布于 2003 年，该制度将化学品的危害分为理化危害、健康危害和环境危害。采纳 GHS 分类标准，有利于识别出危险化学品的健康危害和环境危害，从而保护个人健康和生态环境。

目前我国危险化学品的法律体系主要由现行危险化学品相关的法律和法规构成，主要有《中华人民共和国安全生产法》《危险化学品安全管理条例》《道路危险货物运输管理规定》《危险化学品登记管理办法》和《废弃危险化学品污染环境防治办法》等。此外，危险化学品相关的国家标准也是学习的重点，如《化学品分类和危险性公示通则》（GB 13690—2009）、《危险化学品重大危险源辨识》（GB 18218—2018）、《危险化学品自反应物质包装规范》（GB 27834—2011）、《危险货物品名表》（GB 12268—2012）、《危险货物分类和品名编号》（GB 6944—2012）和《危险化学品单位应急救援物资配备要求》（GB 30077—2013）等。

《教育部办公厅关于进步一部加强高等学校实验室危险化学品安全管理工作的通知》（教技厅［2013］1 号）进一步明确化学品的安全管理责任，对于危险化学品中的毒害品，要参照对剧毒化学品的管理要求，落实“五双”即“双人保管、双人领取、双人使用、双把锁、双本账”的管理制度。

《危险化学品安全管理条例》第二十四条提出：剧毒化学品以及储存数量构成重大危险源的其他危险化学品，应当在专用仓库内单独存放，并实行双人收发、双人保管制度。

4.1 危险化学品的定义和分类

我国的《危险化学品目录》(2015 版)在与现行管理相衔接、平稳过渡的基础上,逐步与国际接轨。危险化学品的分类主要依据 GB 13690—2009《化学品分类和危险性公式通则》和《化学品分类和标签规范》系列国家标准。《化学品分类和危险性公式通则》将危险化学品分为理化危险、健康危害和环境危害三大类;《化学品分类和标签规范》依据 GHS 制度确定了化学品危险性 28 个大项的分类体系。

化学品:由各种化学元素组成的单质、化合物和混合物,无论是天然的,还是人造的,都属于化学品。

危险化学品:具有毒害、腐蚀、爆炸、燃烧、助燃等性质,对人体、设施、环境具有危害的剧毒化学品和其他化学品。

危险化学品按理化危险、健康危害和环境危害共分 3 大类。其中理化危险项包括 16 类:①爆炸物;②易燃气体;③易燃气溶胶:④氧化性气体;⑤压力下气体;⑥易燃液体;⑦易燃固体;⑧自反应物质或混合物;⑨自燃液体;⑩自燃固体;⑪自热物质和混合物;⑫遇水放出易燃气体的物质或混合物;⑬氧化性液体;⑭氧化性固体;⑮有机过氧化物;⑯金属腐蚀剂。

下面根据危险化学品的毒害、腐蚀、爆炸、燃烧、助燃等性质分别介绍。

4.1.1 爆炸性物质

爆炸是物质瞬间突然发生物理或化学变化,同时释放出大量气体和能量(光能、热能、机械能)并伴有巨大声响的现象。

(1)爆炸

爆炸一般有三种情况:一是可燃性气体与空气混合,达到其爆炸界限浓度时着火而发生燃烧爆炸;二是易于分解的物质由于加热或撞击而分解产生的爆炸;三是爆炸品产生的爆炸。爆炸性物质的分类见表 4.1。

表 4.1 爆炸性物质的分类

分类	特点	示例
可燃性气体	爆炸界限浓度:下限 10%以下,或者上下限之差在 20%以上的气体	氢气、乙炔等
分解爆炸性物质	加热或撞击可以引起着火、爆炸的可燃性物质	硝酸酯、硝基化合物等
爆炸品之类的物质	以其产生爆炸作用为目的的物质	火药、炸药、起爆器材等

按爆炸品的组成可分为爆炸化合物和爆炸混合物。爆炸化合物是具有某些特定基团的、确定结构的化合物。按其结构或具有的爆炸基团(单元结构)可分为表 4.2 所

示的类别。

表 4.2 爆炸化合物的类别

类别	引起爆炸的基团	爆炸化合物
乙炔类化合物	C≡C	乙炔银、乙炔汞
叠氮化合物	N≡N	叠氮铅、叠氮镁
雷酸盐类化合物	N≡C	雷汞、雷酸银
亚硝基化合物	N═O	亚硝基乙酸、亚硝基酚
硝基化合物	$R—NO_3$	三硝基甲苯、三硝基苯酚
硝酸酯类	$R—ONO_2$	硝化甘油
氮的卤化物	N—X	氯化氮、溴化氮
臭氧、过氧化物	O—O	臭氧、过氧化氢
氯酸、过氧氯酸化合物	O—Cl	氯酸钾、高氯酸钾

（2）爆炸性概念

爆炸性概念包括爆炸极限、爆炸性气体混合物、爆炸气体环境、爆炸性粉尘混合物、爆炸性粉尘环境。下面简单介绍每个名词的含义。

① 爆炸极限。易燃气体、易燃液体的蒸气或可燃粉尘和空气混合达到一定浓度时，遇到火源就会发生爆炸。发生爆炸的空气混合物的浓度范围，称为爆炸极限。爆炸极限通常以可燃气体、蒸气或粉尘在空气中的体积分数来表示。其最低浓度称为爆炸下限，最高浓度称为爆炸上限。

② 爆炸性气体混合物。大气条件下气体、蒸气、薄雾状的易燃物质与空气的混合物，点燃后燃烧将在全范围内传播。

③ 爆炸气体环境。含有爆炸性气体混合物的环境。

④ 爆炸性粉尘混合物。大气条件下粉尘或纤维状易燃物质与空气的混合物，点燃后燃烧将在全范围内传播。

⑤ 爆炸性粉尘环境。含有爆炸性粉尘混合物的环境。

（3）影响爆炸极限的因素

爆炸极限不是一个固定值，受各种因素的影响而变化，重要影响因素有以下几种。

① 温度。环境温度和混合物的温度越高，爆炸极限范围越大。

② 压力。爆炸性混合物的压力越高，爆炸极限范围越大。

③ 含氧量。混合物中含氧量越高，爆炸极限范围越大。同一种可燃性气体与氧气混合，比与空气混合的爆炸极限范围大得多。

④ 容器直径。爆炸性混合物的容器直径减小，爆炸极限范围缩小，爆炸危险降低。

⑤ 其他。火源强度、火花能量、电流强度、热表面积、火源与混合物接触时间等对爆炸极限均有影响。

（4）爆炸危险性概念

① 爆炸危险区域。爆炸性混合物出现的或预期可能出现的数量达到足以要求对电

气设备的结构、安装和使用采取预防措施的区域。

② 非爆炸危险区域。爆炸性混合物预期出现的数量不足以要求对电气设备的结构、安装和使用采取预防措施的区域。

③ 释放源。释放源指可释放出能形成爆炸性混合物的物质所在的位置或地点。

④ 释放源分级。释放源按易燃物质的释放频繁程度和持续时间长短分为以下三个基本等级：

a．连续级释放源：预计长期释放或短时频繁释放的释放源。

b．第一级释放源：预计正常运行时周期性或偶尔释放的释放源。

c．第二级释放源：预计在正常运行时不会释放或偶尔短时释放的释放源。在实际情况中，既存在单一等级释放源，也可能存在两个或两个以上等级释放源的组合。

⑤ 一次危险和次生危险。一次危险是设备或系统内潜在发生火灾或爆炸的危险，但在正常操作状况下不会危害人身安全或设备完好。次生危险是指由一次危险而引起的危险，它会直接危害到人身安全，造成设备毁坏和建筑物的倒塌等。

⑥ 爆炸条件。在爆炸性气体环境中，产生爆炸需同时存在两个条件：a．存在可燃气体、可燃液体的蒸气或薄雾，其浓度在爆炸极限范围内；b．有足以点燃爆炸性气体混合物的火花、电弧或高温。

（5）易爆物质火灾扑救

① 快速查明发生后续爆炸的可能性和危险性。易爆化合物发生火灾后应迅速查明发生后续爆炸的可能性和危险性，采取一切措施防止爆炸的发生。在人身安全确有保障的前提下，应迅速组织力量及时疏散着火区域周围的易燃、易爆品。

② 易爆化合物火灾的扑救。易爆化合物着火可用大量的水进行扑救，但不能用沙土压盖，因为如果用沙土压盖，着火产生的烟气无法散去，使内部产生一定压力，从而更易引起爆炸。

4.1.2 易燃性物质

可燃物的危险性大致可根据其燃点加以判断。燃点越低，危险性就越大。燃点较高的物质在加热时也是危险的。

4.1.2.1 易燃液体

易燃性物质一般包括易燃液体和易燃固体，易燃液体又分为特别易燃物质和一般易燃物质，如表 4.3 所示。

表 4.3 易燃液体的分类

分类	特点
特别易燃物质	20℃时为液体；或在 20～40℃时成为液体，着火温度在 100℃以下；或者燃点在−20℃以下和沸点在 40℃以下

续表

分类		特点
一般易燃物质	高度易燃物质	室温下易燃性高的物质，燃点在20℃以下
	中等易燃物质	加热时易燃性高的物质，燃点在20～70℃
	低易燃物质	高温加热时，由于分解出气体而着火的物质，燃点在70℃以上

所谓燃点，即在液面上，液体的蒸气与空气混合，达到能着火的蒸气浓度时的最低温度。而所谓着火点（着火温度），系可燃物在空气中加热而能自行着火的最低温度。物质的燃点或着火点，在相同的测定条件下，其测得的结果会有微小的偏差，故很难说得上是物质的固有常数，但是，二者均为物质的重要物理性质。所谓闪点，是液体挥发的蒸气与空气形成的混合物遇火源能够闪燃的最低温度，闪点温度小于着火温度。从消防观点来说，液体闪点就是可能引起火灾的最低温度。闪点越低，引起火灾的危险性越大。实验室常用易燃液体的闪点和沸点如表4.4所示。

表4.4 实验室常用易燃液体的闪点和沸点（20℃，1atm①）

名称	闪点/℃	沸点/℃
正戊烷	<−60	36.1
乙醚	−45	34.5
正己烷	−25.5	68.7
二乙胺	−23	55.5
石油醚	<−20	30～90
四氢呋喃	−20	65.4
丙酮	−20	56.5
原油	<−18	120～200
环己烷	−16.5	80.7
苯	−11	80.1
丙烯腈	−5	77.3
乙酸乙酯	−4	77.2
吡啶	17	115.3
甲苯	4	110.6
乙酰氯	4	51
1，2-环氧丙烷	−37	33.9
二氧化碳	−30	46.5
乙腈	2	81.1
甲醇	11	64.8
乙醇	12	78.3
乙酸丁酯	22	126.1
正丁醇	35	117.5
乙酸	39	118.1
乙二胺	43	117.2

续表

名称	闪点/℃	沸点/℃
煤油	43～72	175～325
萘	78.9	217.9
乙醇胺	93	170.5
二氯甲烷	—	39.8

①1atm=101325Pa。

（1）特别易燃物质

① 分类：此类物质有乙醚、二硫化碳、乙醛、戊烷、异戊烷、环氧丙烷、二乙烯醚、羰基镍、烷基铝等。

② 注意事项：a．此类物质着火温度及燃点极低而很易着火，使用时必须熄灭附近的火源。b．此类物质沸点低，爆炸浓度范围较宽，因此，要保持室内通风良好，以免其蒸气滞留在使用场所造成安全隐患。此类物质一旦着火，很难扑灭。c．容器中贮存的易燃物减少时，往往容易着火爆炸，使用时需要特别注意。

③ 防护方法：有毒性的物质，要戴防毒面具和胶皮手套进行处理。

④ 灭火方法：此类物质引起火灾时，用二氧化碳或干粉灭火器灭火，但周围的可燃物着火时用水灭火较好。

⑤ 事故举例：乙醚从贮瓶中渗出，由 2m 以外的燃烧器的火焰引起着火；正在洗涤剩有少量乙醚的烧瓶时，突然由加热器的火焰点燃着火；将盛有乙醚溶液的烧瓶放入冰箱保存时，漏出乙醚蒸气，由冰箱内电器开关产生的火花引起着火爆炸，箱门被炸飞（醚类物质要放入有防爆装置的冰箱内保存）；焚烧二硫化碳废液时，在点火的瞬间，产生爆炸性的火焰飞散而造成烧伤（焚烧这类物质时，应在开阔的地方，并在远处投入燃着的木片进行点火）。

（2）一般易燃物质

① 分类：一般易燃物质主要包括高度易燃物质、中等易燃物质和低易燃物质。

a．高度易燃物质（燃点在 20℃以下）

第 1 类石油产品：石油醚、汽油、轻质汽油、挥发油等。

b．中等易燃物质（燃点为 20～70℃）

第 2 类石油产品：煤油、轻油、松节油、樟脑油、二甲苯、苯乙烯、烯丙醇、环己醇、2-乙氧基乙醇、苯甲醛、甲酸、乙酸等。

第 3 类石油产品：重油、杂酚油、锭子油、透平油、变压器油、1，2，3，4-四氢化萘、乙二醇、二甘醇、乙酰乙酸乙酯、乙醇胺、硝基苯、苯胺、邻甲苯胺等。

c．低易燃物质（燃点在 70℃以上）

第 4 类石油产品：齿轮油、发动机油类重质润滑油及邻苯二甲酸二丁酯、邻苯二甲酸二辛酯等增塑剂。

动植物油类产品：亚麻仁油、豆油、椰子油、沙丁鱼油、鲸鱼油、蚕蛹油等。

② 注意事项：

a．高度易燃物质虽然危险性比特别易燃性物质小，但它的易燃性仍然很高，电开关及静电产生的火花、炽热物体及烟头残火等都会引起着火燃烧。因此，不要把它靠近火源，或用明火直接加热。

b．中等易燃物质，加热时容易着火。用敞口容器将其加热时，必须防止其蒸气滞留不散。

c．低易燃物质，高温加热时分解出气体，容易引起着火。如果混入水分等杂物，则会产生暴沸，致使热溶液飞溅而着火。

d．通常物质的蒸气密度越大，其蒸气越容易滞留，必须保持通风良好。

e．闪点高的物质一旦着火，因其溶液温度很高，一般难以扑灭。

③ 防护方法：加热或处理量很大时，要戴上防护面具及手套。

④ 灭火方法：此类物质着火，当其燃烧范围较小时，用二氧化碳灭火器灭火，火势扩大时，最好用大量水灭火。

⑤ 事故举例：蒸馏甲苯的过程中，忘记加入沸石，发生暴沸而引起着火；将还剩有有机溶剂的容器进行玻璃加工时，着火爆炸；把沾有废汽油的东西投入火中焚烧时，产生意想不到的猛烈火焰而造成人员烧伤；用丙酮洗涤烧瓶，然后置于干燥箱中进行干燥时，残留的丙酮汽化而引起爆炸，干燥箱的门被炸飞至远处；将经过加热的溶液，于分液漏斗中用二甲苯进行萃取，当打开分液漏斗的旋塞时，喷出二甲苯而引起着火；将润滑油进行减压蒸馏时，用气体火焰直接加热，蒸完后，立刻打开减压旋塞，烧瓶中进入空气而发生爆炸。

在油浴加热的过程中，当熄灭气体火焰而关闭空气开关时，变成很长的摇曳火焰而使油浴着火（熄灭气体火焰时，要先关闭其主要气源的旋塞）；对着火的油浴覆盖四氯化碳进行灭火时，结果四氯化碳在油中沸腾，致使着火的油飞溅，反而使火势扩大。

（3）易燃液体的危险特性

① 高度易燃易爆性：易燃液体在常温条件下遇明火极易燃烧，当易燃液体表面上蒸气浓度达到其爆炸极限范围时，遇到明火即可发生爆炸。

② 易挥发性：多数易燃液体分子量较小，沸点较低，一般低于100℃，易挥发，蒸气压大，液面蒸气浓度较大，遇明火即能使其表面蒸气闪燃。燃点也低，一般比闪点高1～5℃，当达到燃点时，燃烧不局限于液体表面蒸气的闪燃，由于液体源源不断供应可燃蒸气可持续燃烧。

③ 流动性：易燃液体大都黏度较小，一旦泄漏则会很快流向四周低处，随着接触空气面积增加，蒸气扩散速度也会大大加快，空气中蒸气浓度迅速提高，易燃蒸气在空气中的体积也增大，增加了爆炸的危险性。

④ 受热膨胀性：易燃液体的膨胀系数一般都较大，储存在密闭容器中的易燃液体，一旦受热会导致体积膨胀，蒸气压增加，使容器所承受的压力增大，若该压力超过了容器所能承受的最大压力就会造成容器的变形甚至破裂，产生极大危险。

⑤ 易产生积聚静电：一般易燃液体的电阻率大（10^{9}～$10^{14}\Omega \cdot cm$），在输送、灌装、过滤、混合、搅拌、喷射、激荡、流动时极易产生和积聚静电，累积到一定程度将会产生火花，火花极易引起易燃液体燃烧。

⑥ 易氧化性：易燃液体一般含有碳、氢元素，容易接受氧元素而被氧化，当遇到强氧化剂或强酸时，能迅速被氧化且放出大量的热而引起燃烧或爆炸，如乙醇遇高锰酸钾放热并燃烧。

⑦ 毒害性与腐蚀性：绝大多数易燃液体及其蒸气具有一定的毒性，会通过与皮肤的接触或呼吸吸入人体。

4.1.2.2　易燃固体

（1）概念

易燃固体指容易燃烧，可通过摩擦引燃或助燃的固体（GB 30000.8—2013）。根据联合国《关于危险货物运输的建议书　实验和标准手册》（第五版）规定的实验方法进行一次或多次实验，100mm 的连续的带或粉带燃烧时间少于 45s 或燃烧速率大于 2.2mm/s 的物质为易燃固体。

根据燃烧速率实验，易燃固体可分为两类。类别 1：燃耗速率实验，除金属粉末外的物质或混合物，潮湿区不能阻挡火焰，且 100mm 连续的带或粉带燃烧时间小于 45s 或燃烧速率大于 2.2mm/s；金属粉末 100mm 连续粉末带的燃烧时间不大于 5min，如红磷、2,4-二硝基苯甲醚、2,4-二硝基苯肼、十硼烷、偶氮二甲酰胺等。类别 2：燃耗速率实验，除金属粉末外的物质或混合物，潮湿区阻挡火焰至少 4min，且 100mm 连续带或粉带燃烧时间小于 45s 或燃烧速率大于 2.2mm/s；金属粉末 100mm 连续粉末带的燃烧时间大于 5min 且不大于 10min，如 2,4-二硝基氯化苄、硅粉、金属锆、锰粉、龙脑、硫黄等。

易燃固体燃点低，对热、撞击、摩擦敏感，易被外部火源点燃，燃烧迅速，并可能散发出有毒烟雾或有毒气体，实验室常见的红磷、硫黄等即为易燃固体。

① 红磷。红磷为紫红色无定形粉末，无臭，具有金属光泽；不溶于水、二氧化硫，微溶于无水乙醇，溶于碱。红磷遇明火、高热、摩擦、撞击有引起燃烧的危险。长期吸入红磷粉尘，可引起慢性磷中毒。红磷应储存于阴凉、通风的库房，并与催化剂、卤素、卤化物等分开存放，切忌混存。红磷引起的小火可用干燥沙土掩盖熄灭，大火可用水扑灭。

② 硫黄。硫黄为淡黄色脆性结晶或粉末，具有特殊臭味。不溶于水，微溶于乙醚、乙醇，易溶于二硫化碳、苯、甲苯等溶剂。硫黄粉末与空气混合能产生粉尘爆炸，与卤素、金属粉末接触剧烈反应，遇明火、高热易发生燃烧爆炸，与强氧化性物质接触能形成爆炸性混合物。

（2）易燃固体的危险特性

① 易燃性：易燃固体在常温等很小能量的着火源下就能引起燃烧；受摩擦、撞击等外力也能引起燃烧。易燃固体与空气接触面积越大，越容易燃烧，燃烧速率也越快，发生火灾的危险性也就越大。

② 易爆性：易燃固体多数具有较强的还原性，易与氧化剂发生反应，尤其是与强氧化剂接触时，能够立即引起着火或爆炸。

③ 毒害性：许多易燃固体不但本身具有毒性，而且燃烧后还可生成有毒物质。

④ 敏感性：易燃固体对明火、热源、撞击比较敏感。

⑤ 易分解或升华：易燃固体容易被氧化，受热易分解或升华，遇火源、热源引起剧烈燃烧。

⑥ 分散性：易燃固体具有可分散性，其固体粒度小于 0.01mm 时可悬浮于空气中，有粉尘爆炸的危险。

（3）注意事项

① 此类物质 受热就会着火，所以要远离热源或火源，并保存于阴凉的地方。

② 此类物质若与氧化性物质混合，即会着火。

③ 黄磷在空气中就会着火，故要把它放入 pH 值为 7.0～9.0 的水中保存，并且避免阳光直接照射。

④ 硫黄粉末吸潮会发热而引起着火。

⑤ 金属粉末若在空气中加热，即会剧烈燃烧，并且当与酸、碱物质作用时会产生氢气而增加着火的危险。铝粉燃烧会放出大量的热量，和纯氧混合可作为火箭的固体燃料。

（4）防护方法

一般处理需要佩戴护目镜及防护手套，处理量大时要戴防护面具。

（5）灭火方法

此类物质发生火灾时，一般用水灭火较好（Mg、Al 等活泼金属因与水反应生成氢气，不能用水），也可以用二氧化碳灭火器。大量金属粉末引起着火时最好用沙子或干粉灭火器灭火。

4.1.3 氧化性物质和有机过氧化物

4.1.3.1 氧化性物质

氧化性物质指本身未必可燃，但通常会放出氧气可能引起或促使其他物质燃烧的无机物。根据其形态分为氧化性液体（GB 30000.14—2013）和氧化性固体（GB 30000.15—2013），通过 GHS 标准试验，根据其氧化性的大小，氧化性液体和氧化性固体又分别分为 3 小类：类别 1、类别 2 和类别 3。氧化性液体常见的有发烟硝酸、硝酸、双氧水、高氯酸等，其中属于类别 1 的有发烟硝酸、高氯酸（浓度>50%）、双氧水（浓度≥60%）。氧化性固体常见的有高氯酸盐类、硝酸盐类、氯酸盐类、重铬酸盐类、过氧化物和超氧化物、高锰酸钾等，属于类别 1 的有氯酸钠、高氯酸钾（钠、铵）、过氧化钠（钾）、超氧化钠（钾）等。

此类物质本身虽然不一定可燃，但能导致可燃物的燃烧，与粉末状可燃物组成爆炸性混合物，对热、震动或摩擦较为敏感，属于危险性较大的化学品。

4.1.3.2　有机过氧化物

有机过氧化物指分子组成中含有过氧基（O—O）的有机物及其混合物，可视为过氧化氢的一个或两个氢原子被有机基团取代的衍生物。有机过氧化物可发生放热自加速分解，属于热不稳定的物质，通常具有易爆炸分解，迅速燃烧，对热、震动或摩擦极为敏感等性质。

有机过氧化物按其危险性大小分为7种类型，分别为：

A型：易于起爆或快速爆燃，或在封闭状态下加热时呈现剧烈效应的有机过氧化物，因其有敏感易爆性，应按爆炸品对待。

B型：有爆炸性，配制品在包装运输时不起爆，也不会快速爆燃，但在包件内部易产生热爆炸的有机过氧化物，如过氧化异丁酸叔丁酯、间氯过氧苯甲酸、过氧化甲基乙基酮等。

C型：在包装运输时不起爆、不快速爆燃，也不易受热爆炸，但仍具有潜在爆炸可能的有机过氧化物，如过氧化叔戊基新戊酸酯、过氧化叔丁基二乙基乙酸酯、叔丁基过氧-2-甲基苯甲酸酯等。

D型：在封闭条件下进行加热试验时，呈现部分起爆，但不快速爆燃且不呈现剧烈效应，或不爆轰但可缓慢爆燃并不呈剧烈效应，或不爆轰爆燃，但呈现中等效应的有机过氧化物，如过氧化氢叔辛基等。

E型：在封闭条件下进行加热试验时，不起爆、不爆燃，但呈现微弱效应的有机过氧化物，如过氧化月桂酸、过氧化氢叔丁基（含量≤79%）等。

F型：在封闭条件下进行加热试验时，既不引起空化状态的爆炸，也不爆燃，只呈现微弱爆炸力或没有任何效应，而呈现微弱爆炸力或没有爆炸力的有机过氧化物，如过氧化氢二异丙苯、过氧乙酸等。

G型：在封闭条件下进行加热试验时，既不引起空化状态的爆炸，也不爆燃，且不呈现效应及没有任何爆炸力的有机过氧化物。

4.1.3.3　氧化性物质和有机过氧化物的危险特性

（1）强氧化性

过氧化物含有过氧基，很不稳定，易分解放出氧，无机氧化物含有高价态的氯、溴、氮、锰和铬等元素，具有较强获得电子和氢的能力，遇易燃物品、可燃物、有机物、还原剂等发生剧烈化学反应引起燃烧爆炸。

（2）遇热分解性

氧化剂遇高温易分解出氧和热量，极易引起燃烧爆炸。特别是有机过氧化物分子组成中的过氧键很不稳定，易分解放出原子氧，而且有机过氧化物本身就是可燃物，易着火燃烧，受热分解的生成物均为气体，更易引起爆炸。有机过氧化物比无机过氧化物更容易形成火灾和发生爆炸事故。

（3）敏感性

许多氧化剂如氯酸盐类、硝酸盐类、有机过氧化物等对摩擦、撞击、震动极为敏感。储运中要轻装轻卸，以免增加其储运过程中的危险性。

（4）与酸作用分解

大多数氧化剂，特别是碱性氧化剂，遇酸反应剧烈，甚至发生爆炸，如过氧化钠（钾）、氯酸钾、高锰酸钾、过氧化二苯甲酰等遇硫酸立即发生爆炸。

（5）与水作用分解

活泼金属的过氧化物，如过氧化钠等，遇水分解放出氧气和热量，有助燃性，能使可燃物燃烧。

（6）毒性和腐蚀性

比如铬酸酐、重铬酸盐等既有毒，又会烧伤皮肤。此外，活泼金属的过氧化物有较强的腐蚀性。有机过氧化物容易对眼睛造成伤害，如过氧化环己酮、叔丁基过氧化氢等化合物即使和眼睛只有短暂接触，也会对角膜造成严重损伤。

（7）强弱氧化剂反应

强弱氧化剂接触后会发生复分解反应，放出大量的热而引起燃烧、爆炸。如亚硝酸盐、次氯酸盐和亚氯酸盐等遇到比它强的氧化剂时显示还原性，发生剧烈反应而导致危险。

4.1.3.4 氧化性物质和有机过氧化物的储存

氧化性液体、氧化性固体和有机过氧化物都属于易制爆危险化学品，其领用、储存应符合相关法律法规，做到严格管控，令行禁止。宜专柜储存，不得混储，特别是不能与有机物、可燃物、酸同柜储存，碱金属过氧化物易与水起反应，应注意防潮。

储存时应配置符合 GHS 规范的相应警示标签，如图 4.1 和表 4.5、表 4.6 所示。

运输象形图

危 险
放在儿童无法触及之处
使用前请读标签

联合国编号
正式运输名称

公司名称

街名及号码
国家、省、城市、邮编
电话号码
紧急呼叫电话

使用说明：

装载质量： 批号：
毛 重： 装载日期：
有效期：

加热可能燃烧或爆炸。

远离热源/火花/明火/热表面。禁止吸烟。
生产商/供应商或主管部门规定适用的点火源。
避开/贮存处远离服装/……/可燃材料。
……生产商/供应商或主管部门列明其他不相容材料。
只能在原容器中存放。
戴防护手套/穿防护服/戴防护眼罩/戴防护面具。
生产商/供应商或主管部门列明设备类型。

贮存温度不超过……℃/……℉。保持低温。
……生产商/供应商或主管部门列明温度。

防日晒。
远离其他材料存放。
处置内装物/容器……
……按照地方/区域/国家/国际规章（待规定）。

图 4.1 B 型有机过氧化物标签示例

表 4.5　氧化性物质标签的配置

类别	类别 1	类别 2	类别 3
危险物象形图			
信号词	危险	危险	警告
危险说明	可引起燃烧或爆炸； 强氧化剂	可加剧燃烧； 氧化剂	可加剧燃烧； 氧化剂
运输象形图	5.1	5.1	5.1

表 4.6　有机过氧化物标签的配置

有机过氧化物					
类别	A 型	B 型	C 型/D 型	E 型/F 型	G 型
危险物象形图					本危险类别没有分配标签要素
信号词	危险	危险	危险	警告	
危险说明	加热可引起爆炸	加热可引起燃烧或爆炸	加热可引起燃烧	加热可引起燃烧	
运输象形图	与爆炸物（采用相同的图形符号选择过程）	5.2 1	5.2	5.2	在《规章范本》中不使用

4.1.3.5　高校常见氧化性物质和有机过氧化物

（1）高锰酸钾（$KMnO_4$）

高锰酸钾是有金属光泽的深紫色细长斜方柱状结晶，是强氧化剂。本身不燃，遇硫酸、铵盐或过氧化氢能发生爆炸。遇甘油、乙醇自燃，燃烧分解产物有锰酸钾、二氧化锰、氧气。与有机物、还原剂、易燃物如硫、磷等接触或混合时有引起燃烧爆炸的危险。

储存于阴凉、通风仓间内。远离火种、热源，防止阳光直射。注意防潮和雨淋。保持容器密封。应与易燃或可燃物、还原剂、过氧化物、醇类、硫、磷、铵化合物、金属粉末等分开存放，切忌混储混运，搬运时要轻装轻卸，防止包装及容器损坏。

（2）硝酸（HNO_3）

硝酸为无色透明发烟液体，有酸味。有毒，蒸气可刺激黏膜和呼吸道，引发流泪、呛咳，胸闷头晕等；皮肤接触引起灼伤；口服硝酸将引起消化道剧痛、溃疡等，严重时导致休克，窒息。具有强氧化性，与易燃物、有机物如糖、纤维素等接触剧烈反应，引起燃烧爆炸。

储存于阴凉、通风的库房。远离火种、热源，库房温度不宜超过30℃。保持容器密封。与还原剂、碱类、醇类等分开存放，不得混储。

（3）过乙酸（$C_2H_4O_3$）

本品由醋酸与氧化氢在硫酸存在下反应制得，为无色有强烈气味的液体。性质不稳定，温度稍高（加热至110℃）即分解放出氢气而爆炸。纯品在−20℃时也会爆炸，浓度大于45%时就具有爆炸性。本品易燃，闪点为40.56℃（开杯），遇高热或有色金属离子存在，或与还原剂接触，有着火爆炸的危险。

4.1.4 自燃性物质

4.1.4.1 自燃性物质简介

自燃性物质包括自燃液体与自燃固体，是指即使数量很少也能在与空气接触后5min内着火的液体和固体。自燃化合物常见的有白磷、三乙基铝。

（1）白磷

白磷又名黄磷，为无色或白色半透明蜡状固体。熔点44.1℃，沸点280.5℃，引燃温度为30℃，和空气作用后，表面变为淡黄色。

白磷自燃点低，在空气中会冒白烟并发生自燃。化学性质活泼，受撞击、摩擦或与氯酸盐等氧化剂接触能燃烧爆炸。白磷存储时应保存在水中，与空气隔绝。同时应远离火源和热源，并与易燃物、可燃物、有机物、氧化剂等隔离。

（2）三乙基铝

三乙基铝为无色液体，具有强烈的霉烂气味。熔点−52.5℃，沸点194℃，闪点−53℃。

三乙基铝化学性质活泼，接触空气会冒烟自燃。对微量的氧及水分反应极其灵敏，极易引起燃烧爆炸。皮肤接触可致灼伤，产生充血、水肿和起水泡，引起剧烈疼痛。

三乙基铝储存时必须密封，不可与空气接触。该物质着火可用干粉等相应的灭火剂扑救，禁止用水、泡沫灭火剂。

4.1.4.2 自燃性物质的危险性

易于自燃的物质由于其化学组成和结构不同，受环境条件的影响不同，因而有各自不同的危险特性。

（1）氧化自燃性

这类物质化学性质非常活泼，自燃点低，具有极强的还原性，一旦接触氧或氧化剂，立即发生氧化反应，并放出大量的热，达到其自燃点而自燃甚至爆炸。

（2）积热自燃性

这类物质多为含有较多的不饱和双键的化合物，遇氧或氧化剂容易发生氧化反应，并放出热量。

（3）遇湿易燃性

有些易于自燃物质，在空气中能氧化自燃，遇水或受潮后还可分解而自燃爆炸。

4.1.4.3　自燃性物质的储存

使用时要轻拿轻放，避免摩擦和撞击，要防止相互碰撞或将容器损坏造成泄漏事故。易于自燃物质应储存在通风、阴凉、干燥处，远离明火及热源防止阳光直接照射且需单独存放。

遇湿易自燃的物质不得与酸、氧化剂混放，包装必须严密，不得破损，严格防止吸潮或与水接触。不得与其他类别的危险品混存混放，使用和搬运时不得摩擦、撞击、倾倒。

4.1.5　易制毒化学品

毒品是指鸦片、海洛因、冰毒（甲基苯丙胺）、吗啡、大麻、可卡因以及国家规定管制的其他能够使人形成瘾癖的麻醉药品和精神药品。为预防和惩治毒品违法犯罪行为，保护公民身心健康，维护社会秩序，国家对上述麻醉药品和精神药品实行管制，对该类药品的实验研究、生产、经营、使用、储存、运输实行许可和查验制度，对走私、贩卖、运输、制造毒品行为，依法追究刑事责任或给予治安管理处罚。

易制毒化学品，是指可以被用于非法生产、制造或合成毒品（麻醉药品和精神药品）的化学品，包括用以制造毒品的原料前体、试剂、溶剂及稀释剂、添加剂等。

4.2　危险化学品安全管理措施

4.2.1　危险化学品的订购

（1）申购和运输

由申购人或申购部门提出申请，报请相关行政主管部门审核后方可实施采购，购置的危险化学品须严格按照国家相关法律法规进行运输。严禁随身携带夹带危险化学品乘坐公共交通工具。

（2）入库与备案

购置的危险化学品须在到货当日办理入库手续。手续包括如下内容：①基于采购合同或供货清单、发票，核对危险化学品的名称和数量，确认上述各项相互一致后，建立危险化学品入库登记台账：②相关责任人核查危险化学品的存放条件，确认安全措施到位、存放规范后在供货清单上签字并将供货清单复印件存档。

4.2.2 危险化学品的储存

危险化学品的储存应符合 GB 15603—2022 要求，根据不同省市对危险化学品管理规范执行当地标准，例如北京地区执行 DB11/T 1191.1—2018、DB11/T 1322.2—2017 规定等。

购置的危险化学品应按规定存放在专用储存室（柜）内，并设专人（必须是经过专业培训的在职人员）管理，根据所存放危险化学品的种类和危险特性，在储存危险化学品的场所设置相应的防盗、监测、监控、通风、防晒、调温、防火、灭火、防爆、泄压、防毒、中和、防潮、防雷、防静电、防腐、防泄漏以及防护或者隔离操作等安全设施、设备，定期检测、维护安全设施、设备，确保其正常运行。走廊等公共场所不得存放危险化学品。

大量化学品的存放须严格遵循《危险化学品安全管理条例》中的要求，保存在专门的仓库中。此外，各学校和单位，通常也会发布更加详细、更加适用于具体情况的化学品安全管理条例。实验室内少量危险化学品也需要遵守学校和学院的规定，根据以下几项基本要求进行分类存放。

① 实验室需建立并及时更新化学品台账，及时清理没有名字和废旧的化学品。

② 所有化学品和配制试剂都应贴有明显标签，注明内容物的成分和 CAS 号等必要信息。杜绝标签缺失、破损和新旧标签共存等现象。

③ 剧毒化学品、麻醉类和精神类药品须存放在不易移动的保险柜或带双锁的冰箱内，实行“五双”制度，并切实做好相关记录。储存单位应当将储存剧毒化学品以及构成重大危险源的其他危险化学品的数量、地点以及管理人员的情况，报当地公安部门和负责危险化学品安全监督管理综合工作的部门备案。

④ 易爆品应与易燃品、氧化剂隔离存放，宜存于 20℃以下，最好保存在防爆试剂柜、防爆冰箱或经防爆改造过的冰箱内。

⑤ 还原剂、有机物等不能与氧化剂、硫酸及硝酸混放。

⑥ 强酸（尤其是硫酸）不能与氧化性的无机盐（如高锰酸钾、氯酸钾）混放；遇酸可产生有害气体的盐类（如氰化钾、硫化钠、亚硫酸钠、氯化钠等）不能与酸混放。

⑦ 易产生有毒气体（烟雾）或难闻刺激性气味的化学品应存放在配有通风吸收装置的试剂柜内。

⑧ 钠、钾等碱金属应储存于煤油中，黄磷、汞应储存于水中。

⑨ 易水解的药品（如酸酐、酰氯、二氯亚砜）不能与水溶液、酸、碱等混放；卤素（氟、氯、溴、碘）不能与氨、酸及有机物混放；氨不能与卤素、汞、次氯酸、酸等接触。

⑩ 腐蚀品应存放在防腐蚀试剂柜的下层，或下垫防腐托盘，置于普通试剂柜的下层。

4.2.2.1　实验室易燃液体的储存

高校化学实验室易燃液体的储存注意事项如下：

① 易燃液体应存放于阴凉通风处，专柜储存，分类存收。不得敞口存放，定时检查容器有无损坏，以免造成泄漏事故。取用时轻拿轻放，防止互相碰撞或损坏容器。

② 易燃液体应配置符合 GHS 规范的标签，标签要素配置如图 4.2、表 4.7 所示。

图 4.2　易燃液体安全标签示例

表 4.7　易燃液体标签的配置

类别	类别 1	类别 2	类别 3	类别 4
危险物象形图				无象形图
信号词	危险	危险	警告	警告
危险说明	极易燃液体和蒸气	高度易燃液体和蒸气	易燃液体和蒸气	可燃液体
运输象形图				《规章范本》中未作要求

4.2.2.2　实验室易燃固体的储存

实验室易燃固体的储存注意事项如下：

① 易燃固体应远离火源，储存在通风、干燥、阴凉仓库内，不得与酸类、氧化剂混储。使用时轻拿轻放，避免摩擦、撞击引起火灾。

② 易燃固体应配置符合 GHS 规范的警示标签，标签要素如表 4.8 所示。

表 4.8 易燃固体标签的配置

类别	类别 1	类别 2
危险物象形图		
信号词	危险	警告
危险说明	易燃固体	易燃固体
运输象形图		

4.2.2.3 实验室自燃性物质的储存

实验室自燃性物质的储存注意事项如下：

① 自燃性物质应储存于通风、阴凉、干燥处，远离明火与热源，防止阳光直射。应单独存放，不得混储，避免与氧化剂、酸、碱等接触。忌水的物品必须密封包装，不得受潮，注意空气湿度。

② 自燃性物质应配置符合 GHS 规范的警示标签，标签要素如表 4.9 所示。

表 4.9 自燃性物质标签的配置

自燃性物质	自燃液体	自燃固体
类别	类别 1	类别 1
危险物象形图		
信号词	危险	危险
危险说明	暴露在空气中自燃	暴露在空气中自燃
运输象形图		

4.2.2.4 实验室易制毒化学品的储存

易制毒化学品的安全储存要求为：

① 分类存放，使用单位要建立专门的符合存放条件的易制毒化学品仓库，储存仓库要有明显的标志，要安装好门窗，配备防盗报警、消防装置。根据国家标准，第一类易制毒化学品应储存于特殊药品库，第二类、第三类易制毒化学品应储存在危险品库内。

② 通风，可以散热，防止热量、湿气积蓄，保证在库易制毒化学物品性质稳定，一般使用排风扇进行通风。

③ 要定期对仓库温度、湿度进行监控，及时发现安全隐患，防止发生意外事故。

4.2.3　出入库管理

危险化学品的发放、领取与退回应符合规范要求，落实专项经办人负责易制毒化学品的领用发放工作，并根据实际需要的数量发放，发放要有记录，做好详细的入库、领用、回库等台账记录。

易制毒化学品到货后，必须由学院经办人在场监视卸货、入库，数量核对无误后及时卸货，轻拿轻放，严禁撞击，在待卸货期间，应指定专人看管，双人验收。验收人员应核对物品名称、数量、规格、标志、生产厂家等资料，检查包装是否残破、泄漏、封闭不严、包装不牢等。

易制毒化学品领用要按双人发放原则，以当日实验的用量领取，如有剩余应在当日内归还，未经批准的人员不得随意进入特殊药品库与危险品仓库。领用易制毒化学品要采取少量多次的原则，尽量避免一次性大量领用，使用不完造成积存极易存在安全隐患，易制毒化学品丢失、被盗、被抢的，事发单位应当立即向学校保卫部门和实验室管理部门报告。

当危险化学品由原包装物转移或分装到其他包装物内时，转移或分装后的包装物应及时贴上标签。实验室应有明显的安全标志，标志保持清晰、完整，包括：化学品危险性质的警示安全标志；禁止、警告、指令、提示等安全标志。应在危险化学品使用场所的显著位置张贴或悬挂岗位安全操作规程和现场应急处理预案。开展实验操作的教职工、学生和其他实验人员应熟悉化学品安全技术说明书（SDS），掌握化学品的危险特性，使用时做好个人防护。

4.3　危险化学品事故案例

案例 1：某研究所实验室发生双氧水爆炸，导致旁边部分居民家玻璃被震碎，所幸没有造成人员伤亡。事故原因主要是操作有爆炸危险特性的双氧水时温度过高，导致爆炸。

案例 2：某高校化学系一名博士生发现另一名博士生晕倒在实验室，便呼喊老师寻求帮助，并拨打 120 急救电话，本人随后也晕倒在地。120 急救车抵达现场后将两位同学送往医院，第一位倒地的博士生抢救无效死亡。经调查发现，该校几名教师事发当日在实验过程中误将本应接入其他实验室的 CO 接至两位博士生所在实验室的输气管内，导致事故发生。

案例 3：某高校一名老师采用乙醚进行回收提取时，离开实验室外出办事。实验室突然停水，致使乙醚大量挥发到空气中，乙醚在空气中燃烧爆炸，好在实验室天花板和实验台面均是防火材料，未产生严重后果。

案例 4：某高校老师在实验教学中采用苯作为洗脱剂进行硅胶柱色谱操作，由于大量使用苯，很多同学在实验后感觉头昏、恶心，该学校在此次实验后明确规定实验室中禁止大量使用苯作溶剂或者洗脱剂。

习题

1．选择题

（1）危险化学品的毒害包括________。

A．皮肤腐蚀性/刺激性、眼损伤/眼刺激

B．急性中毒致死，器官或呼吸系统损伤，生殖细胞突变性，致癌性

C．水环境危害性，放射性危害

D．以上都是

（2）不具有强酸性和强腐蚀性的物质是________。

A．氢氟酸　B．碳酸　C．稀硫酸　D．稀硝酸

（3）使用易燃易爆的化学药品，不正确的操作是________。

A．可以用明火加热　B．在通风橱中进行操作

C．不可猛烈撞击　D．加热时使用水浴或油浴

（4）处置实验过程中产生的剧毒药品废液，说法错误的是________。

A．妥善保管　B．不得随意丢弃、填埋

C．集中保存，统一处理　D．稀释后用大量水冲洗

（5）易燃化学试剂存放和使用的注意事项正确的是________。

A．要求单独存放于阴凉、通风处

B．放在冰箱中时，要使用防爆冰箱

C．远离火源，绝对不能使用明火加热

D．以上都是

（6）浓硫酸属于________化学品。

A．爆炸品　B．腐蚀品

C．易燃液体

（7）下面的________属于自燃物品。

A．黄磷　B．盐酸

C．丙酮

（8）遇水燃烧物质起火时，不能用________扑灭。

A．干粉灭火器　B．泡沫灭火器

C．二氧化碳灭火器

（9）如果有化学品进入眼睛，应立即________。

A．滴氯霉素眼药水

B．用大量清水冲洗眼睛

C．用干净手帕擦拭

2．问答题

（1）国家对危险化学品有什么限制？

（2）装卸和搬运爆炸品应注意什么？

（3）为什么个人防护用品不能作为控制危险化学品危害的主要手段？

（4）氧化性物质和有机过氧化物的储存方式有什么区别？

（5）易制毒化学品的储存有什么要求？

第五章

生物实验室安全管理

国家法律

《中华人民共和国传染病防治法》中华人民共和国主席令（第 17 号）

国务院条例

《突发公共卫生事件应急条例》中华人民共和国国务院令（第 376 号）

《医疗废物管理条例》中华人民共和国国务院令（第 380 号）

《病原微生物实验室生物安全管理条例》中华人民共和国国务院令（第 424 号）

国家标准及行业标准

《病原微生物实验室生物安全通用准则》（WS 233—2017）

《生物安全实验室建筑技术规范》（GB 50346—2011）

《实验室 生物安全通用要求》（GB 19489—2008）

国家发展改革委、科技部于 2016 年 11 月发布了我国《高级别生物安全实验室体系建设规划（2016—2025 年）》，对我国高等级生物安全实验室的建设进行了整体规划和布局，致力于 2025 年建成 5～7 个生物安全四级实验室，并实现每个省至少设有 1 个生物安全三级实验室的目标。由于我国高级别生物安全实验室起步和建设较晚，运行时间不长，在实验室生物安全人员培训方面经验较欠缺，如存在重理论轻实践、重过程轻评估、培训师资不足和培训标准参差不齐等问题，亟须进一步完善和提高。

《中华人民共和国生物安全法》明确提出科学界定生物安全的内涵要求，明确生物安全的重要地位和原则，建立健全国家生物安全领导体制，完善生物安全风险防控基本制度，健全各类具体风险防范和应对制度。生物安全，是指国家有效防范和应对危险生物因子及相关因素威胁，生物技术能够稳定健康发展，人民生命健康和生态系统相对处于没有危险和不受威胁的状态，生物领域具备维护国家安全和持续发展的能力。

微生物实验室是环境工程实验室中的重要组成部分。其中，学生实验课程相关的微生物实验室数量占比超 20%，每学年承担的微生物实验课程数目较多。实验安全教育依据微生物实验室的特点展开，主要包括生物安全、试剂使用安全、用火安全、仪器使用安全以及辐射安全五个方面。有 50%的学生未能在实验前做充足的准备工作并认真阅读实验的安全指导书。由于对实验技术路线的潜在风险认识不足，若出现异常则不知如何应对，从而诱发安全事故。如在动物实验中，一些学生因不了解实验动物的习性，导致实验操作时被其抓伤，甚至感染；不熟悉仪器性能特点，如高压蒸汽灭菌锅灭菌结束后，未冷却至 50℃以下便打开排气阀排气，而被高温蒸汽灼伤。分析其原因是部分学生存在懒惰心理，学习的主动性不强，未对实验内容进行预习，认为“照方抓药”就能完成实验，对于实验中的危险因素缺少足够的风险防范意识。

5.1 生物实验室安全隐患

实验室安全涉及生物因子、微生物、病原体三部分。生物因子指的是具有一定生物活性的物质，或来源于活生物的物质，包括生物体本身。微生物指的是需要借助光学显微镜或电子显微镜才能观察到的一切微生物，包括细菌、病毒、真菌和少数藻类。病原体指的是能致病的生物因子，包括能够引发人和动物、植物传染病的生物因子。

与其他学科实验室相比，生物类实验室的安全隐患较为复杂。生物实验室包括多种危险化学品，如常见的剧毒化学品（抗霉素 A、氯化汞、亚硒酸氢钠等）、危险化学品（苯、盐酸、硝酸等）、易制爆危险化学品（镁铝粉、钠、锌等），以及实验动物（老鼠、兔子等）、仪器设备（超高速离心机、反应釜、高温烘箱、超低温冰箱）等。

5.1.1 危险化学品安全隐患

生物实验室化学品种类繁多，这些化学品在保管存放或在拿取使用的过程中，稍有不慎极易发生安全事故。例如危险化学品硫酸、硝酸等，易造成腐蚀，对皮肤会有灼伤；甲醇可使人失明；乙腈可使人窒息；放线菌素 D 具有可致畸性；过硫酸铵可致黏膜损伤；镁粉遇水或湿气猛烈反应产生氢气，大量产热，会引起燃烧或爆炸。可见，危险化学品的管理至关重要，刻不容缓。危险化学品是实验室安全事故易发的地方，更是实验室安全管理工作的重要方面，其管理应以相关院（系）为责任主体，建立申购、保管、领用、废物处置等一系列制度，确保分类存放、账实相符、定期检查，实现危险化学品使用周期全覆盖。易燃品、易爆品、腐蚀性物质应分类分区存放，对于剧毒化学品，在使用过程中，坚决落实“五双”管理原则，即双人保管、双人领取、双人使用、双把锁、双本账，做到“四无一保”，即无被盗、无事故、无丢失、无违章、保安全。

5.1.2 生物安全隐患

实验室生物安全（laboratory biosafety）是指以实验室为科研单位和工作场所时，避免危险生物因子造成实验室人员暴露、向实验室外扩散并导致危害而采取的综合措施，尤其是对通过一级隔离设施和二级隔离设施达到生物安全要求的生物实验室。

国际通行标准将生物实验室安全防护水平分为四个等级，1～4 级防护水平依次增高，以 BSL-1、BSL-2、BSL-3、BSL-4 表示仅从事体外操作的实验室的生物安全防护水平。高校的生物实验室也多为 BSL-1 和 BSL-2 实验室。高校的生物实验室常年保存和培养大量微生物、动植物，包括一些高致病性病毒、癌细胞、工程菌以及转基因动植物，若管理保存不当，一旦泄漏，会对社会造成一定的危害。

生物安全实验完成后，学生应按实验的安全操作规程对实验试剂和样品、仪器设备及产生的废物等进行内务整理，尤其是有较强传染性的致病微生物，若处置措施不当，轻则造成实验人员感染，重则因微生物外泄，造成传染病的流行，甚至导致生物灾难的发生。然而在实验结束时，一些学生却未能主动进行内务整理，表现在：①实验结束后随意堆放危险实验试剂及药品，不仅给取用药品带来不便，更存在火灾、爆炸安全隐患；②使用仪器处理致病微生物样品后不及时清洁（如离心机使用结束后不清洁腔体），不按照要求处理实验废物，实验后对感染动物尸体的消毒灭活不彻底或将未经预处理的感染动物尸体送往处理中心，存在生物安全隐患；③不查看废液成分，便将未经处理不符合相关要求的废液随意倒入下水道，既影响实验人员的身体健康又污染了环境。这些问题的产生，是由于部分学生缺少安全责任意识，存在完成了实验项目，内务整理与己无关的心理。

例如在 2005 年某疾病控制中心病毒所一位研究生因使用未灭活严重急性呼吸综合征（SARS）病毒进行实验导致死亡；2010 年某大学动物医学院购入未经检验的山羊进行实验，使部分师生陆续感染布鲁菌病。我国相关部门颁布了一系列法规来确保实验室生物安全，但一些高校重视程度不够，落实情况不到位。

5.1.3 仪器安全隐患

仪器设备是实验室的重要装备，是进行教学科研以及社会服务的基本依托。仪器设备的使用安全即仪器本身的安全和操作者的安全。生物化学实验室的仪器种类繁多，操作复杂，其中多种仪器的操作还具有危险性，如马弗炉、超高速离心机、超低温冰箱、高压气瓶和高压蒸汽灭菌锅等，操作不当会产生有毒气体、电离辐射、高温高压，极易危及操作者的人身安全。

5.1.4 废物处置隐患

废物管理是实验室安全管理的一个重要组成部分，一般生物化学类实验室废物种类繁多，如化学试剂、玻璃器皿、动物尸体、微生物病毒、生物制剂和放射性材料等。从物理属性上分为固体废物、废液、废气。从安全属性类型分为感染性废弃物、病理性废弃物、药物性废弃物、损伤性废弃物和化学性废弃物。一些高校存在重视教学科研，忽视安全环保的问题，对实验室废物安全管理不够重视，教职工的安全教育及培训不到位，缺乏对废水废气的治理设备及排放控制管理，实验室废物堆积严重，如若不合理处理，不仅危及实验人员的安全，也会对环境产生巨大影响。

5.1.5　用电安全隐患

用电安全是实验室安全的重要组成部分，是避免实验室火灾的关键。造成火灾事故的原因往往是实验室用电不当，主要为线路老化、超负荷用电、仪器设备布线混乱等。

5.2　生物实验室的分类

生物安全实验室，也称生物安全防护实验室，是通过防护屏障和管理措施，能够避免或控制被操作的有害生物因子危害，达到生物安全要求的生物实验室和动物实验室。生物安全实验室应由主实验室、其他实验室和辅助用房组成。

国家根据实验室对病原微生物的生物安全防护水平，并依照实验室生物安全国家标准的规定，将实验室分为一级、二级、三级、四级。生物安全实验室的分级见表 5.1。

表 5.1　生物安全实验室的分级

实验室分级	处理对象
一级	对人体、动植物或环境危害较低，不具有对健康成人、动植物致病的致病因子
二级	对人体、动植物或环境具有中等危害或具有潜在危险的致病因子，对健康成人、动物和环境不会造成严重危害。具备有效的预防和治疗措施
三级	对人体、动植物或环境具有高度危险性，主要通过气溶胶使人传染上严重的甚至是致命的疾病，或对动植物和环境具有高度危害的致病因子。通常有预防治疗措施
四级	对人体、动植物或环境具有高度危险性，通过气溶胶途径传播或传播途径不明，或未知的、危险的致病因子。没有预防治疗措施

5.2.1　病原微生物的危险度等级分类

根据病原微生物的传染性、感染后对个体或者群体的危害程度，将病原微生物分为四类。

第一类病原微生物，是指能够引起人类或者动物非常严重疾病的微生物，以及我国尚未发现或者已经宣布消灭的微生物。

第二类病原微生物，是指能够引起人类或者动物严重疾病，比较容易直接或者间接在人与人、动物与人、动物与动物间传播的微生物。

第三类病原微生物，是指能够引起人类或者动物疾病，但一般情况下对人、动物或者环境不构成严重危害，传播风险有限，实验室感染后很少引起严重疾病，并且具备有效治疗和预防措施的微生物。

第四类病原微生物，是指在通常情况下不会引起人类或者动物疾病的微生物。

第一类、第二类病原微生物统称为高致病性病原微生物。

5.2.2 生物安全实验室的分级及其相关规定

我们将具有感染性威胁的生物危险度分为一级、二级、三级、四级生物安全水平，级别越高潜在危险越大。以 BSL-1、BSL-2、BSL-3、BSL-4（biosafety level，BSL）表示仅从事体外操作的实验室的相应生物安全防护水平。以 ABSL-1、ABSL-2、ABSL-3、ABSL-4（animal biosafety level，ABSL）表示包括从事动物活体操作的实验室的相应生物安全防护水平。

一般高校或研究所涉及的是一级和二级生物安全水平的基础实验，更高级别生物安全水平的实验很少开展。进入生物实验室要严格按照不同级别实验室安全管理规定，保证实验室微生物既不被带入也不被带出。涉及生物安全实验室需按照国家标准《实验室生物安全通用要求》（GB 19489—2008）中要求，对实验室设施和设备进行管理及监督。

5.2.2.1 一级生物安全水平实验室

生物安全防护水平为一级的实验室适用于操作在通常情况下不会引起人类或动物疾病的微生物。

（1）进入规定

① 应在实验室门口张贴生物危害标志，标明所使用的传染性病原体、实验室负责人的姓名和联系电话，并标明进入实验室的具体要求。

② 只有经批准的人员方可进入实验室工作区域。

③ 实验室的门应保持关闭。

④ 儿童不应被批准或允许进入实验室工作区域。

⑤ 进入动物房应当经过特别批准。

⑥ 与实验室工作无关的动物不得带入实验室。

（2）人员防护

① 在实验室工作时，任何时候都必须穿着连体衣、隔离服或工作服。

② 在进行可能直接或意外接触到血液、体液以及其他具有潜在感染性的材料或感染性动物的操作时，应戴上合适的手套。手套用完后，应先消毒再摘除，随后必须洗手。

③ 在处理完感染性实验材料和动物后以及在离开实验室工作区域前，必须洗手。

④ 为了防止眼睛或面部受到泼溅物、碰撞物或人工紫外线辐射的伤害，必须戴安

全眼镜、面罩（面具）或其他防护设备。

⑤ 严禁穿着实验室防护服离开实验室（如去餐厅、咖啡厅、办公室、图书馆、员工休息室和卫生间）。

⑥ 不得在实验室内穿露脚趾的鞋子。

⑦ 禁止在实验室工作区域进食、饮水、吸烟、化妆和处理隐形眼镜。

⑧ 禁止在实验室工作区域储存食品和饮料。

⑨ 在实验室内用过的防护服不得和日常服装放在同一柜子内。

（3）操作规范

① 严禁用口吸移液管。

② 严禁将实验材料置于口内，严禁舔标签。

③ 所有的技术操作要按尽量减少气溶胶和微小液滴形成的方式来进行。

④ 应限制使用皮下注射针头和注射器。除了进行肠道外注射或抽取实验动物体液，皮下注射针头和注射器不能用于替代移液管或用作其他用途。

⑤ 出现溢出事故以及明显或可能暴露于感染性物质时，必须向实验室主管报告。实验室应保存这些事件或事故的书面报告。

⑥ 必须制订关于如何处理溢出物的书面操作程序，并予以遵守执行。

⑦ 污染的液体在排放到生活污水管道以前必须清除污染（采用化学或物理学方法）。根据所处理的微生物因子的危险度评估结果，判断是否需要准备污水处理系统。

⑧ 需要带出实验室的手写文件必须保证在实验室内没有受到污染。

（4）实验室工作区要求

① 实验室应保持清洁整齐，严禁摆放和实验无关的物品。

② 发生具有潜在危害性的材料溢出以及在每天工作结束之后，都必须清除工作台面的污染。

③ 所有受到污染的材料、标本和培养物在废弃或清洁再利用之前，必须清除污染。

④ 在进行包装和运输时必须遵循国家和/或国际的相关规定。

⑤ 如果窗户可以打开，则应安装防止节肢动物进入的纱窗。

（5）基本生物安全设备

① 使用移液辅助器，禁止用口吸的方式移液。有不同设计的多种产品可供使用。

② 生物安全柜，在以下情况使用：a. 处理感染性物质时，使用密封的安全离心杯，在生物安全柜内装样、取样（这类材料可在开放实验室离心）；b. 空气传播感染的危险增大时；c. 进行极有可能产生气溶胶的操作时（包括离心、研磨、混匀、剧烈摇动、超声破碎、打开内部压力和周围环境压力不同的盛放有感染性物质的容器、动物鼻腔接种以及从动物或卵胚采集感染性组织）。

③ 一次性塑料接种环，或生物安全柜内的电加热接种环，可减少生成气溶胶。

④ 螺口盖试管及瓶子。

⑤ 用于清除感染性材料污染的高压灭菌器或其他适当工具。

⑥ 一次性巴斯德塑料移液管，尽量避免使用玻璃制品。

⑦ 在投入使用前，如高压灭菌器和生物安全柜等设备必须用正确方法进行验收，应参照生产商的说明书定期检测。

（6）健康和医学监测

主管部门有责任通过相关负责人来确保实验室全体工作人员接受适当的健康监测。监测的目的是监控职业获得性疾病。

（7）在一级生物安全水平操作微生物的实验室工作人员的监测指南

历史证据表明，在一级生物安全水平操作的微生物不太可能引起人类疾病或兽医学意义的动物疾病。但理想的做法是，所有实验室工作人员应进行上岗前的体检，并记录其病史。疾病和实验室意外事故应迅速报告，所有工作人员都应意识到应用规范的实验室操作技术的重要性。

5.2.2.2 二级生物安全水平实验室

生物安全防护水平为二级的实验室适用于操作能够引起人类或者动物疾病，但一般情况下对人、动物或者环境不构成严重危害，传播风险有限，实验室感染后很少引起严重疾病，并且具备有效治疗和预防措施的微生物。按照实验室是否具备机械通风系统，将BSL-2实验室分为普通型BSL-2实验室、加强型BSL-2实验室。

二级生物安全水平实验室除了与一级生物安全水平实验室共同的特点之外，还有以下一些不同。

① 在处理第三类病原微生物或更高危险度级别的微生物时，在实验室门上应标有国际通用的生物危害警告标志。标明使用的生物因子、负责人、紧急联系电话。

② 实验室的门应带锁并可自动关闭，并且应有可视窗。

③ 应在实验室内配备生物安全柜。

④ 潜在被污染的废物同普通废物分开处理。

⑤ 至少应在实验室所在的建筑内配备高压蒸汽灭菌器或其他适当的消毒设备。

⑥ 在二级生物安全水平操作微生物的实验室工作人员的监测指南如下：

a. 必须有录用前或上岗前的体检记录。记录个人病史，并进行一次有目的的职业健康评估。

b. 实验室管理人员要保存工作人员的疾病和缺勤记录。

c. 育龄期妇女应了解某些微生物（如风疹病毒）的职业暴露的危害。

5.2.2.3 三级生物安全水平实验室

三级生物安全水平实验室（防护实验室，BSL-3实验室）是为处理第二类病原微生物和大容量或高浓度的、具有高度气溶胶扩散危险的第三类病原微生物而设计的。三级生物安全水平需要有比一级和二级生物安全水平的基础实验室更严格的操作和安全程序。

三级生物安全水平的防护实验室首先必须应用基础实验室的指标，此外还有一些增添的部分。

① 张贴在实验室入口门上的国际生物危害警告标志，应注明生物安全级别以及管理实验室出入的负责人姓名，并说明进入该区域的所有特殊条件，如免疫接种状况。

② 实验室由清洁区、半污染区和污染区组成，各区之间应设缓冲间。

③ 实行严格的双人工作制度，任何情况下，严禁单独在实验室里工作。

④ 实验室防护服必须是正面不开口的或反背式的隔离衣、清洁服、连体服、带帽的隔离衣，必要时穿着鞋套或专用鞋。前系扣式的标准实验服不适用，因为不能完全罩住前臂。

实验室防护服不能在实验室外穿着，且必须在清除污染后再清洗。当操作某些微生物因子时（如动物感染性因子），可以允许脱下日常服装换上专用的实验服。

⑤ 开启各种有潜在感染性物质的操作均需在生物安全柜或其他基本防护设施中进行。

⑥ 有些实验室操作，或在进行感染了某些病原体的动物操作时，必须配备呼吸防护装备。

⑦ 对在三级生物安全水平的防护实验室内工作的所有人员，要强制进行医学检查。内容包括一份详细的病史记录和针对具体职业的体检报告。临床检查合格后，给受检者配发一个医疗联系卡，说明其受雇于三级生物安全水平的防护实验室。

5.2.2.4 四级生物安全水平实验室

四级生物安全水平实验室（最高防护实验室，BSL-4）是为进行与第一类病原微生物相关的工作而设计的。这种实验室在建设和投入使用前，应充分咨询有运作类似设施经验的机构。四级生物安全水平实验室的运作应在国家或其他有关卫生主管机构的管理下进行。

四级生物安全水平实验室在应用三级生物安全水平实验室指标的基础上还有一些增添的部分。

① 四级生物安全水平实验室必须位于独立的建筑内，也可以在一个安全可靠的建筑中明确划分出来的区域内。

② 工作人员进入实验室之前和离开实验室时，必须更换全部衣服和鞋子。

③ 必须配备由三级生物安全柜型实验室和/或防护服型实验室组合而成的、有效的基本防护系统。

④ 设施内应保持负压。供风和排风均需经 HEPA 过滤。

⑤ 污水首先通过加热消毒，排出前需将 pH 值调至中性。个人淋浴室和卫生间的污水可以不经任何处理直接排到下水道中。

⑥ 实验室的核心工作区必须配备专用的双扉传递型高压灭菌器。

⑦ 必须有供样品、实验用品和动物进入的气锁室。

5.3 生物安全实验室管理

5.3.1 生物安全管理制度体系

因生物实验室管理缺失造成的事故已经给人们带来了相当大的影响。在高校和研究所，生物安全问题也不再仅仅局限于生物专业实验室，生物科学与化学、化工、材料等许多学科形成交叉，生物安全管理的范围也不断延伸。

实验室的生物安全管理不仅要有缜密的管理组织体系，同时还应建立健全管理制度。管理制度一般通过规章制度、管理规范、程序文件、标准操作程序（SOP）和记录等文件形式体现。

在开展涉及有关病原微生物的工作时，实验室负责人应禁止或限制人员进入实验室。一般情况下，易感人员或感染后会出现严重后果的人员，不允许进入实验室或动物房，例如，患有免疫缺陷或免疫抑制的人，其被感染的危险性较大。实验室负责人对每种情况的估计和决定进入实验室或动物房工作的人员，负有最终责任。

5.3.2 生物安全防护应急预案

应建立生物安全防护应急预案。发生突发性事件（包括突发性传染病，化学品及辐射毒害，基因泄漏或导致生物遗传毒性，环境污染等）时，应在 1 小时内报实验室安全管理委员会，启动应急预案。

5.3.3 生物实验人员培训

人员培训包括以下核心内容：①生物安全和生物防护的基本原则（fundamental principles of biosafety and biocontainment），目标为掌握生物安全级别的分类、生物安全实验室的建筑设计和设施设备；②个人防护设备（personal protective equipment，PPE），目标为掌握 PPE 的选择和正确使用，如呼吸适应性测试，PPE 的完整性检查，正确穿脱防护服、手套、防护镜或呼吸罩等；③实验室仪器设备的使用（use of laboratory safety equipment），目标为掌握实验室常用仪器设备，如生物安全柜、离心机、培养箱、显微镜等的正确使用和操作，避免仪器使用过程中气溶胶的产生；④实验室应急程序（laboratory emergency procedure），目标为了解实验室使用的病原微生物及其危害和风险，掌握意外暴露或其他伤害事故的报告和处置程序；⑤实验室常规操作（general laboratory practices），目标为掌握实验室进出、废物处理、消毒和灭菌、锐器的使用、运输和转移病原微生物、安全和警报设施等常规操作程序；⑥生物安全法律法规

（biosafety regulars and laws），目标为掌握国家或地方性的生物安全法律法规以及实验室及其所属单位的制度和规程；⑦生物安保（biosecurity），目标为了解生物安保、控制和管理措施，防止实验室有重要价值的生物材料非授权获取、遗失、被盗、滥用、转移或蓄意散播；⑧实验动物生物安全（animal biosafety），针对需要进行动物活体操作的人员，目标为了解操作感染动物的潜在危险，掌握锐器的使用和处置、动物的饲养、笼具更换、解剖、粪便消毒、尸体处置和动物福利；⑨生物安全四级实验室设施和特殊规定（BSL-4 facility and special rule），针对需要进入生物安全四级实验室工作的人员，目标为了解生物安全四级实验室的建筑设计，掌握实验室的进出程序、正压防护服的使用和维护、化学消毒淋浴系统的使用、实验室内的通信、识别实验室正常和异常的参数和紧急情况的处理等。

5.3.4　生物安全防护

实验室工作人员需配备必要的个人防护用品。在生物实验中因为要接触不同的试剂、细菌、质粒、病毒甚至辐射源等对人体有害的因素，所以生物安全防护的工作很重要，一是体现在防护意识上，二是体现在防护措施上，三是体现在事故处理方面。防护意识包括防护意识差或是过度防护造成心理恐惧两个方面。防护措施主要包括口罩、连体衣、袖套和防护目镜等个人防护装备的使用。应急事故处理主要包括应急处理程序和应急处理设备。

5.3.4.1　接触生物源性材料的安全工作行为

生物实验结束后应做到清洁，不得将任何沾染生物试样的物品带出实验室。

① 处理、检验和处置生物源性材料时应遵守生物实验室安全管理规定。

② 工作行为应可降低污染的风险。执行污染区内的工作行为应可预防个人暴露。

③ 样本的处理应遵循正确的规范，应规定标本有损坏或泄漏的处理程序。禁止口吸移液。

④ 应对实验室工作人员安全操作尖利器具及装置进行培训。

⑤ 应尽可能减少使用利器和尽量使用替代品。禁止用手对任何利器剪、弯、折断、重新戴套或从注射器上移去针头。

⑥ 包括针头、玻璃、一次性手术刀在内的利器应在使用后立即放入耐扎容器中。尖利物容器应在内容物达到三分之二前置换。

⑦ 所有样本、培养物和废物应被假定含有传染性生物因子，应以安全方式处理和处置。

⑧ 所有有潜在传染性或毒性的质量控制和参考物质在存放、处理和使用时应按未知风险的样本对待。

⑨ 操作样本、血清或培养物的全过程应穿戴适当的且符合风险级别要求的个人防

护装备。操作实验动物应穿戴耐抓咬、防水个人防护服和手套；应戴适当的面部、眼部防护装置，必要时，增加呼吸防护；应在生物安全柜内操作。

⑩ 摘除手套后一定要彻底洗手。实验室应为过敏或对某些消毒防腐剂中的特殊化合物有其他反应的工作人员提供洗手用的替代品。洗手池不得用于其他目的。在限制使用洗手池的地点，使用基于乙醇的无水手部清洁产品是可接受的替代方式。

洗手六步法为：第一步，双手手心相互搓洗（双手合十搓 5 下）；第二步，双手交叉搓洗手指缝（手心对手背，双手交叉相叠，左右手交换各搓洗 5 下）；第三步，手心对手心搓洗手指缝（手心相对十指交错，搓洗 5 下）；第四步，指尖搓洗手心，左右手相同（指尖放于手心相互搓洗）；第五步，一只手握住另一只手的拇指搓洗，左右手相同；第六步，指尖摩擦掌心或一只手握住另一只手的手腕转动搓洗，左右手相同。

⑪ 生物安全柜内最好不用明火，而采用电子灼烧灭菌装置对微生物接种环灭菌。

5.3.4.2 减少接触有害气溶胶行为

① 实验室工作行为的设计和执行应能减少人员接触化学或生物源性有害气溶胶。

② 样本只应在有盖安全罩内离心。所有进行涡流搅拌的样本应置于有盖容器内。

③ 在能产生气溶胶的大型分析设备上应使用局部通风防护，在操作小型仪器时使用定制的排气罩。

④ 在可能出现有害气体和生物源性气溶胶的地方应采取局部排风措施。

⑤ 饲养、操作动物应在适当的动物源性气溶胶防护设备中进行，工作人员应同时使用适当的个人防护设备。

⑥ 有害气溶胶不得直接排放。

⑦ 在使用紫外线和激光光源的场所，应提供适用且充分的个人防护装备，应有适当的标识公示。应为安全使用设备提供培训。这些光源只能用于其设计目的。

⑧ 应制订紧急撤离的行动计划。该计划应考虑到包括生物性在内的各种紧急情况，应包括采取使留下的建筑物处于尽可能安全状态的措施。

⑨ 所有样本应以防止污染工作人员或环境的方式运送到实验室；样本应置于被承认的、本质安全、防漏的容器中运输；样本在机构所属建筑物内运送应遵守该机构的安全运输规定。样本运送到机构外部应遵守现行的有关运输可传染性和其他生物源性材料的法规；样本、培养物和其他生物材料在实验室间或其他机构间的运送方式应符合相应的安全规定。应遵守国际和国家关于道路、铁路和水路运输危险材料的有关要求；按国家或国际标准认为是危险货物的材料拟通过国内或国际空运时，应包装、标记和提供资料，并符合现行国家或国际相关的要求。

5.3.5 生物安全检查

实验室安全管理委员会每年对生物实验室进行一次安全检查，检查项目一般包括：

实验室生物安全执行情况；事故记录及处理；可燃、易燃、可传染性、放射性和有毒物质的存放情况；去污染和废物处理程序及记录；实验室设施、设备、人员的状态；生物安全宣传教育情况。

5.4 生物安全实验室的个人防护

5.4.1 个人防护装备的总体要求

个人防护装备是指用来防止人员受到物理、化学和生物等有害因子伤害的器材和用品。个人防护装备是为了减少操作人员暴露于气溶胶、喷溅物以及意外接种等危险环境而设立的一个物理屏障，防止工作人员受到工作场所中物理、化学和生物等有害因子的伤害。在危害评估的基础上，实验室工作人员需结合工作的具体性质，按照不同级别的防护要求选择适当的个人防护装备。

（1）选择合格产品

实验人员选择的任何个人防护装备都应符合国家有关标准。同时，实验人员还应接受关于个人防护装备的选择、使用和维护等方面的指导和培训。对个人防护装备的选择使用和维护应有明确的书面规定、程序和使用指导，形成标准化体系。

（2）使用前验证

个人防护装备使用前应仔细检查，不使用标志不清、破损或泄漏的个人防护用品，保证个人防护的可靠性。

（3）个人防护装备的净化和消毒

为了防止个人防护装备被污染而携带生物因子，所有在致病微生物实验室使用过的个人防护装备均应视为已被污染。应进行净化和消毒后再作处理。实验室应制订严格的个人防护装备去污染的标准操作程序并遵照执行。同时，所有个人防护装备不得带离实验室。

（4）个人防护装备的易操作性和舒适性

个人防护要适宜、科学。在危害评估的基础上，按不同级别的防护要求选择适当的个人防护装备。在确保防护水平高于保护工作人员免受伤害所需要的最低防护水平的同时，也要避免个人防护过度，造成操作不便甚至有害健康。建议个人防护分为三级，一级防护用于 BSL-1 实验室和 BSL-2 实验室，二级防护用于 BSL-3 实验室，三级防护用于 BSL-4 实验室。

5.4.2 各级生物安全实验室的个人防护要求

个人防护的内容包括防护用品和防护操作程序。所有实验室人员必须经过个人防护的必要培训，考核合格获得相应资质，熟悉所从事工作的风险和实验室特殊要求后方可进入实验室工作。实验室应按照分区实施相应等级的个人防护。实验室操作必须严格遵守个人防护原则。不同生物安全等级的实验室个人防护要求如下。

（1）BSL-1 实验室

工作人员进入实验室应穿工作服，实验操作时应戴手套，必要时佩戴防护眼镜。离开实验室时，工作服必须脱下并留在实验区内。不得穿着工作服、戴着手套进入办公区等清洁区域。用过的工作服应定期消毒。

（2）BSL-2 实验室

BSL-2 实验室的个人防护除符合 BSL-1 实验室的要求外，还应该符合下列要求。

进入实验室时，应在工作服外加罩衫或穿防护服，戴帽子、口罩。离开实验室时，上述防护用品必须脱下并留在实验室，消毒后统一洗涤或处理。如可能发生感染性材料的溢出或溅出时，宜戴两副手套。可能产生致病微生物气溶胶或发生溅出的操作均应在生物安全柜或其他物理抑制设备中进行，当微生物操作不可能在生物安全柜内进行，而必须采取外部操作时，为防止感染性材料溅出或雾化危害，必须使用面部保护装置（如护目镜、面罩、个体呼吸保护用品或其他防溅出保护设备）。

（3）BSL-3 实验室

BSL-3 实验室的个人防护除符合 BSL-2 实验室的要求外，还应该符合下列要求。

① 工作人员在进入实验室时必须使用个体防护装备，包括两层防护服、两层手套、生物安全专业防护口罩（不应使用医用外科口罩等），必要时佩戴眼罩、呼吸保护装置等。工作完毕必须脱下工作服，不得穿工作服离开实验室。可再次使用的工作服必须先消毒后清洗。

② 在实验室中必须配备有效的消毒剂、眼部清洗剂或生理盐水，且易于取用。实验室区域内应配备应急药品。

（4）BSL-4 实验室

BSL-4 实验室的个人防护除符合 BSL-3 实验室的要求外，还应该符合下列要求。

① 所有工作人员进入 BSL-4 实验室时要更换全套服装。工作后脱下所有防护服，淋浴后再离去。

② 在防护服型或混合型 BSL-4 实验室中工作人员需穿着整体的由生命维持系统供气的正压工作服。

③ 在与灵长类动物接触时应考虑黏膜暴露对人的感染危险，要戴防护眼镜和面部防护器具。

④ 室内有传染性灵长类动物时，必须使用面部保护装置（护目镜、面罩、个体呼吸保护用品或其他防溅出保护设备）。

⑤ 进行容易产生高危险气溶胶的操作时，包括对感染动物的尸体和鸡胚、体液的收集以及动物鼻腔接种，都要同时使用生物安全柜或其他物理防护设备和个体防护器具（例如口罩或面罩）。

⑥ 当不能安全有效地将气溶胶限定在一定范围内时，应使用呼吸保护装置。

⑦ 不同类型的BSL-4实验室的个人防护装置有所不同。在生物安全柜型的BSL-4实验室中，个人防护装备同BSL-3实验室；在防护型BSL-4实验室中，配备正压个人防护服；在混合型BSL-4实验室中，个人防护装备为上述两种的组合。

5.4.3 个人防护用品的消毒处理

5.4.3.1 塑料、橡胶、无纺布制品的消毒处理

① 一次性用品，包括防护帽、口罩、手套、防护服等使用后应放入医疗废物袋内进行高压灭菌，作为医疗废物统一处理。

② 拟回收再用的耐热的塑料器材，按要求打包、表面有效消毒后，121℃、15min（根据微生物特点而定）高压灭菌处理。

③ 不耐热拟回收再用的塑料器材可用0.5%过氧乙酸喷洒或浸泡于有效氯为2000mg/L的含氯消毒剂中≥1h，然后清水洗涤沥干；或用环氧乙烷消毒柜，在温度为54℃、相对湿度为80%、环氧乙烷气体浓度为800mg/L的条件下，消毒4～6h。

④ 橡胶手套等污染后可用121℃、15min压力蒸汽灭菌处理后，用0.5%～1.0%肥皂液或洗涤剂溶液清洗，然后清水洗涤沥干后再用。

⑤ 可重复使用的棉织工作服、帽子、口罩等121℃、15min压力蒸汽灭菌处理。有明显污染时，随时喷洒消毒剂消毒或放入专用的污染袋中，然后进行高压蒸汽灭菌处理。为了清洁，可用70℃以上热水加洗涤剂洗涤。

5.4.3.2 操作过程中手套的消毒

当进行实验操作时，手的污染概率最大。一般操作高致病微生物时需要佩戴双层乳胶手套，或聚乙烯树脂或聚腈类材料的手套。在操作过程中应随时随地对外层手套进行消毒，必要时更换。一般采用70%酒精或0.5%过氧乙酸喷洒手套消毒。

在安全柜内操作完成后，双手撤离安全柜前对手套进行药物消毒。在实验室内清理收尾工作完成后，对外层手套消毒，而后放入医疗废物袋内，待进一步处理。

5.4.3.3 正压防护服和正压面罩的消毒

离开实验室前对正压防护服和正压面罩进行消毒剂淋浴消毒，然后放入环氧乙烷灭菌柜或过氧化氢等离子体灭菌柜内进行熏蒸灭菌后用净水清洗，沥干后存放待用。

5.4.3.4 鞋袜的消毒

在病原微生物实验室中工作的人员如果鞋袜受到感染性物质的污染，应及时按规定程序进行消毒、更换。在BSL-3实验室中，若穿鞋套，离开核心区时应在缓冲区

Ⅱ脱去（外层）鞋套，放入医疗废物袋，进行高压蒸汽灭菌处理。鞋袜或内层鞋套在缓冲区Ⅰ或更衣室内更换或脱掉。

5.5 生物实验室废物管理

随着高校生物学科快速发展和科研投入的不断加大，生物实验室使用的药品数量和种类也不断增加，实验过程中排放的废物因含有一定量的剧毒、致畸和致癌物，同时由于成分复杂，处理难度大，形成的环境污染问题日渐凸显。因此，对生物实验室污染废物的安全管理提出了新的要求。进出实验室的液体和气体管道系统应牢固、不渗漏、防锈、耐压、耐温（冷或热）、耐腐蚀。

鉴于目前的情况，迫切需要提高生物实验室废弃污染物的管理水平。在生物实验室安全管理中，不仅要保证各项实验教学和科研项目的正常进行，而且要尽最大可能地保证对环境的友好，形成科学、专业、规范的制度，为把高校实验室纳入国家环保管理框架中提供基本的依据。

5.5.1 生物实验室污染类别

5.5.1.1 化学污染

化学污染物主要包括有机污染物和无机污染物两类。有机污染物包括脂肪，蛋白质，酚类，醛类，醇类，醚类，芳香烃，多环芳烃，甲酰胺，溴化乙锭（EB），丙烯酰胺等。无机污染物包括强酸，强碱，重金属离子，氰化物等。化学污染物在人类体内有蓄积性，会有致癌、致畸、致突变的危害。比如电泳和染色常用的丙烯酰胺和EB，就是神经毒素和致癌物；三氧化硫长期可引起肺气肿和肝硬化；一氧化氮可引起神经衰弱和慢性呼吸道炎；苯、甲苯、二甲苯等长期接触，会引起骨髓与遗传损害，甚至引发白血病。

5.5.1.2 生物污染

对人和生物有害的微生物、寄生虫等病原体和变应原等污染水、气、土壤和食品，影响生物产量，危害人类健康，这种污染称为生物污染。生物实验室的生物污染有动物尸体、血液废物、病理学废物、废弃的感染性培养物以及有感染性的尖锐器具废物，大量的高浓度的、含有害微生物的细菌培养基和细菌标本等。生物污染的尸体或者活体处理不当，会造成病原微生物的传播；活性组织产生的有毒代谢产物，会对周围的环境和水域造成污染；高浓度有害微生物的培养物直接排放，会造成病原微生物的广泛传播。生物污染与化学污染、物理污染的不同之处在于：生物是活的、有生命的，外来生物能够逐步适应新环境，不断增殖并占据优势，从而危及本地物种的安全。比如真菌孢子的扩散构成的大气生物污染；致病微生物、寄生虫和某些昆虫等进入水体会造成水体生物污染，受污染水体中的不同生物对人类可产生不同的危害作用；未经处理的生物标本，如血液、尿、粪便、痰液和呕吐物等会造成土壤生物污染。实验室防护区内如果有下水系统，应与建筑物的下水系统完全隔离；下水应直接通向实验室专用的污水处理系统。实验室排水系统应单独设置通气口，通气口应设 HEPA 过滤器或其他可靠的消毒装置，同时应保证通气口处通风良好。如通气口设置 HEPA 过滤器，则应可以在原位对 HEPA 过滤器进行消毒和检漏。

5.5.1.3　物理污染

物理污染是指由物理因素引起的环境污染，包括噪声、震动、光污染、电磁辐射、放射性辐射废物等。比如，生物实验室的超净工作台和紫外灭菌等设备，其中的紫外线，会对皮肤造成伤害，甚至造成皮肤癌。放射性同位素是生物实验中经常用到的，如果管理不当，造成污染，会对环境特别是人的生殖细胞造成伤害，后果会不堪设想。

5.5.2　废物分类及标识

凡在生物安全实验室使用过的个人防护装备均应视为被污染，应做消毒处理。实验室应制订个人防护用品去污消毒的标准操作程序（SOP），并进行培训演练，严格执行。生物实验室废物的分类和标识清晰，装废物的容器要按要求订购。以生物实验室为例，废物主要产生在公共实验区域、冷藏室和具有通风操作台的实验间。

公共实验区域设置：玻璃废物纸箱，纸箱内配有规定厚度塑料袋，纸箱规格统一申购，纸箱上有明显的易碎物标识；尖锐废物铁筒，单通道设计，专门存放针头、刀片等尖锐的金属废物；废液瓶，每个实验台设置一个小型废液瓶。细胞培养室设置：实验用品回收箱，内置可耐受高温并有危险标志的塑料袋；废液瓶，每个无菌操作台配一个抽真空废液瓶。具有通风装置的实验操作室设置：废液瓶，放置在通风橱内，可直接运走的密封瓶。同位素实验操作间设置：同位素废物回收装置，回收物包括实验操作废物及实验中涉及污染的防护装备，同位素实验结束后，废物回收装置直接放入同位素废物储藏室。同位素实验的监管非常严格，每次同位素实验都有具体剂量的记录，而且生物安全与环保办公室会不定时抽检实验记录和同位素实验操作台。

高致病性病原微生物相关实验活动结束后，应当在 6 个月内将菌（毒）种或感染性样本就地销毁或者送交保藏机构保藏。

5.5.3　废物登记回收与处理

根据 EHS 的规定，所有盛放待回收废物的容器必须符合废物性质的需要，并标识清晰，对装有危险废物的容器还必须贴上危险物专用标签，存放在专属区域，然后由实验室人员在网络系统提交回收废物信息登记及回收申请，内容主要包括废物名称、废物性质、废物剂量、废物存放位置，申请网络提交后，办公室安排专门的人员根据申请的废物存放位置进行回收托运，交由专业废物处理公司进行标准化处理。涉及细胞等具有活性生物污染物性质的废物，则由实验室每天集体送到每栋实验楼的高温处理室，由专业人员进行高温灭活处理。

习题

1．无论是否涉及病原微生物的实验动物尸体，都要进行无害化处理及冷冻保存，然后送具备相关资质的机构处理吗？

2．微生物实验室存在哪些安全隐患？

3．请结合本校实际情况，阐述生物安全实验室等级。

4．出入生物实验室有哪些注意事项？

5．如何做好个人防护？

第六章

危险废物管理及储存

2005 年 7 月，教育部、国家环境保护总局（今生态环境部）联合下发《关于加强高等学校实验室排污管理的通知》（教技〔2005〕3 号），要求高校实验室按照国家、地方环境保护法规和制度，加强实验过程中的废气、废液、固体废物、噪声、辐射等污染防治工作。《教育部科技司关于开展高等学校实验室危险品安全自查工作的通知》（教技司〔2015〕265 号）等文件要求高等学校实验废物按照危险废物进行分类管理，以及通过有资质的企业处置。

2016 年我国环境保护部（今生态环境部）发布了《危险废物产生单位管理计划制定指南》（环境保护部公告 2016 年第 7 号），要求我国境内产生危险废物的单位必须按照国家有关规定制定危险废物管理计划，并对如何制定危险废物管理计划进行了指导。

《中华人民共和国固体废物污染环境防治法》中专门对危险废物的污染环境防治进行了特别规定，在危险废物收集、贮存、运输、处置等方面提出明确要求。由此可见，国家对于环境的污染防治方面重视程度越来越高。随着高等教育的发展和高校科技创新能力的提升，高校实验室的科研教学活动更加频繁，实验室废液作为危险废物的一种，其排放及污染问题也越来越引起社会的关注。高校实验室废液一般指在实验过程中产生的具有毒性或其他危险性，并且浓度或数量足以影响人体健康或污染环境的液态废物。

《实验室废弃化学品收集技术规范》（GB/T 31190—2014）对实验室废弃化学品产生、收集、贮存要求和安全做出了详细规定。废弃化学品指的是丢弃的、废弃不用的、不合格的、过期失效的化学品。实验室废弃化学品指的是教学、科研、分析检测等实验室在日常活动中产生的固体、液体及收集的气体等废弃化学品。优先控制化学品指的是具有明显生物富集性，废弃后可能与接触的生物、环境相作用而产生急、慢性或长久危害的实验室废弃化学品。

6.1 实验室废物的分类

我国《国家危险废物名录》规定研究、开发和教学活动中，化学和生物实验室产生的废物均属于危险废物，类别为“HW49 其他废物”。因此化学实验室产生的废物应按照“HW49 其他废物”处理。

我国颁布了多项法律法规，如《中华人民共和国环境保护法》《中华人民共和国固体废物污染环境防治法》《中华人民共和国水污染防治法》《病原微生物实验室生物安全环境管理条例》等，从法律制度上保证和规范对实验室废物的管理。

化学废物是指在生产、科研和教学活动中产生的，已失去使用价值的气态、固态、半固态及盛装在容器内的液态化学废弃物。高校实验室环境污染主要来自实验过程中产生的实验废液、废水、废气以及实验固体废物。

6.1.1 废液

实验室废液是指实验过程中产生的具有毒性或其他危险性，其浓度或数量足以影响人体健康或污染环境的液态废物。按污染程度可分为高浓度实验室废液和低浓度实验室废水。实验室产生的废水包括多余的样品、样品分析残液、失效的贮藏液和洗液、洗涤水等。实验室废液主要为液态的失效试剂、液态的实验废物或中间产物（如各种有机溶剂、离心液、液体副产物等）以及各种高浓度的洗涤液。

几乎所有的常规化学实验项目都不同程度地存在着废液污染问题。这些废液的成分多种多样，包括最常见的有机物、重金属离子等。

6.1.2 废气

实验室废气通常在实验过程中产生，多为实验室试剂和样品的挥发物，实验及分析过程中间产物的挥发物，容器残留物挥发、泄漏和排空的标准气和载气等。实验室产生的废气按照性质一般可分为无机废气、有机废气、恶臭废气、粉尘废气。

无机废气多指含有硫氧化物、氮氧化物、碳氧化物、卤素及其化合物等的废气，主要为氮氧化物、硫酸雾、氯化氢、二氧化碳、二氧化硫、氯气、溴蒸气等。

有机废气多指含有甲醛、苯、甲苯、二甲苯、丙酮、丁酮、乙酸乙酯、糠醛、苯乙烯、丙烯酸等有机物的气体。

恶臭废气多指含有氨气、胺、硫化物、脂肪酸、芳香族、硫醇和二甲基硫等的废气。

粉尘废气多指含有粒径小于 75μm 的固体悬浮物的废气。

实验室无机废气中有很多都是含硫化合物、含氮化合物及卤素化合物，危害极大。例如，对人群而言，人如果吸入过多的硫化氢（H_2S），轻者会头疼恶心，重者则会休克。芳香胺类有机物可致癌，二苯胺、联苯胺等进入人体可以造成缺氧症。

有机氮化合物：可致癌。有机磷化合物：降低血液中胆碱酯酶的活性，使神经系统发生功能障碍。有机硫化合物：低浓度硫醇可引起不适，高浓度可致人死亡。含氧有机化合物：吸入高浓度环氧乙烷可致人死亡。丙烯醛：对黏膜有强烈的刺激；戊醇可以引起头痛、呕吐、腹泻等。

6.1.3　固态废物

实验室产生的固态废物包括多余样品、反应产物、消耗或破损的实验用品（如玻璃器皿、纱布）、残留或失效的化学试剂等。这些固体废物成分复杂，涵盖各类化学污染物，尤其是过期失效的化学试剂，处理时稍有不慎，很容易导致严重的污染事故。

6.2　化学实验室废物的处置

实验室“三废”的违规排放对校园环境造成严重污染，威胁师生和公众的健康和安全。随着对企业污染治理的逐步到位，环保部门已开始把注意力投向高校及科研院所实验室的污染排放问题上，解决实验室“三废”处理问题已成为高校所面临的现实而紧迫的问题。近年来，政府部门加大了对高校实验室废液废气排放的处罚力度。

为减少对环境的污染，实验室教学和科研活动应采用无污染或少污染的新工艺、新设备，采用无毒无害或低毒低害的原材料，尽可能减少危险化学物品的使用，以防止新污染源的产生。在进行实验时，可将常规量改为微量，既节约药品、减少废物生成，又安全。

化学工作者应树立绿色化学思想，依据减量化、再利用、再循环的整体思维方式来考虑和解决化学实验出现的废物问题。绿色化学十二项原则就是从源头减少或消除化学污染的角度出发提出的，绿色化学原则是对绿色化学内涵最好的诠释，废物的处理应遵循绿色化学十二项原则。

废物处理通常是指将废物回收再利用或者用其制取其他可用的试剂和设备，使废物可以资源化，变废为宝；另一处理方式为对暂时无法利用的废物进行无害化。实验室废物的一般处理原则如下：

① 改进实验工艺，使废物的排放量降到最低，甚至达到废物的排放量为零。

② 对于量少或浓度不大的废物，可以在经过无害化处理后排入或倒入专门的废液桶中统一处理。

③ 对于量大或浓度较大的废物则进行回收处理，达到废物的再生利用。

④ 特殊的废物则要进行单独收集，如贵重金属废液或废渣，单独收集可以便于对其进行回收处理。

⑤ 不能混合的废物或是混合后会产生危险并给处理带来麻烦的废物，要合理分类并且及时采取有效处理措施。

6.2.1 固体废物的处置

6.2.1.1 化学实验室固体废物的类别

化学实验室固体废物具有量少、种类多、不稳定等特性。按照安全特性划分，主要包括以下几类。

（1）一般性固体废物

一般性固体废物主要包括废纸、塑料、玻璃、金属和布料五大类。这类废物属于生活类固体废物，可分类回收，但由于这类物质曾经在化学实验室存留过，要特别注意不被化学物质污染。

（2）实验室化学品固体废物

实验室化学品固体废物种类相对多样化，其中主要包括:

① 过期的化学药品。长期存放的化学药品，其性质、组成等都可能发生变化，需要定期清理。

② 无标签的化学药品。有些化学试剂由于保存不当等原因，外包装物上的标签脱落、模糊、腐蚀等，如果出现这种情况时，要果断地进行报废处理。

③ 来源不明的化学药品。长时间遗留、遗忘的化学药品。

④ 剩余的实验、检测样品等。

⑤ 不需要的合成实验产物。

⑥ 特殊的化学品固体废物。如苦味酸、高氯酸钾、金属粉末、氧化剂（高锰酸钾）。

上述固体废物，无论是否有毒，都需要专业处置，不可认为无毒或低毒而随意丢弃。

（3）实验过程产生的化学固体残余

实验过程产生的化学固体残余过滤分离后的滤渣，如脱色用的活性炭、硅藻土、分子筛、色谱硅胶等；化学污染物，如滤纸、滤布、药品包装纸等。

化学实验室特有的固体废物，如打碎的温度计、废弃的玻璃仪器、空试剂瓶（如玻璃瓶、塑料瓶）等。

与生物化学有关的固体废物，如废检体、废标本、器官或组织、废血液或血液制品等。

6.2.1.2 固体废物的无害化处理

分类回收是化学实验室固体废物无害化处理的前提。固体废物的无害化处理包括以下几种：

① 化学处理。采用化学方法破坏固体废物中的有害成分而达到无害化，或将其转变成为适于进一步处理、处置的形态。

② 生物处理。利用微生物分解固体废物中可降解的有机物，从而达到无害化或综合利用。

③ 物理处理。通过浓缩或相变化改变固体废物的结构，使之成为便于运输、储存、利用或处置的形态。

④ 固化处理。采用固化基材将废物固定或包覆起来以降低其对环境的危害，从而能较安全地运输和处置的一种处理过程。

⑤ 热处理。通过高温破坏和改变固体废物组成和结构，同时达到减容、无害化或综合利用的目的。热处理方法包括焚化、热解、湿式氧化及焙烧、烧结等。

固体废物多集中回收后由专业厂家处理，应尽量避免在实验室自行处理而发生意外事故。

6.2.2　废液的处置

依据《中华人民共和国水污染防治法》和教育部、国家环境保护总局《关于加强高等学校实验室排污管理的通知》（教技〔2005〕3 号），含有重金属、病原体和难以实现生物降解的废水，不得稀释排放，必须按照规定单独处理达标后，方可排放，严禁把废液直接向外界排放，污染物排放频繁、超出排放标准的实验室，应安装符合环境保护要求的污染治理设施，保障污染治理设施处于正常工作状态并达标排放。

目前由于实验室废液的特点复杂和源头管理不善，废液的规范收集非常困难，存在潜在的环境污染和安全风险。一些实验室运营数年，甚至数十年，但是收集的实验室废液量很少。为了达到废液安全管理要求，保障师生安全及维护生态环境，实验者做完实验后进行实验室废液的分类收集，是实验室废液源头化管理的核心，也是实验室废液处置的基础。高校选择将废液分类收集后进行专业性处置。除采用蒸馏、酸碱中和法、活性炭吸附法等，将少部分废液回收再利用外，绝大多数高校选择委托校外优质的专业处置处理机构进行处理。委托校外专业机构处置实验室废液的大致程序为：师生将废液分类收集在废液桶中分类贮存，高校委托专业废液处置公司清运。这种方法尤其适合处置高校不能自行处理的有毒有害废液。合理的收集能够降低后续工作的难度，降低整体成本和风险。

6.2.2.1　化学实验室废液特性与分类

化学实验室废液特性包括：量少、种类繁多、废水排出形态复杂、排出的废水量变化大且具有不定时性。废液依性质可分为化学性实验废液、生化性实验废液、物理性实验废液（过热、过冷废液）、放射性实验废液。其中，化学性实验废液又可分为剧毒类废液、无机废液、有机废液。下面针对不同种类废液进行具体描述。

（1）剧毒类废液

如含汞废液、含砷废液、含氰废液及含镉废液等。

（2）无机废液

① 含重金属离子废液：含有任意一种重金属（如铁、钴、铜、锰、铅、镓、铬、锗、锡、铝、镁、镍、锌、银等）离子的废液。

② 含氟废液：含有氟酸或氟化合物的废液。

③ 酸性废液：含有酸的废液。

④ 碱性废液：含有碱的废液。

⑤ 含六价铬废液：含有六价铬化合物的废液。

（3）有机废液

① 油脂类：由实验室所产生的废弃油（脂），如灯油、轻油、松节油、油漆、重油、杂酚油、绝缘油（脂）（不含多氯联苯）、润滑油、切削油及动植物油（脂）等。

② 含卤素有机溶剂类：由实验室所产生的溶剂，该废弃溶剂含有脂肪族卤素类化合物，如氯仿、二氯甲烷、四氯化碳、碘甲烷等或含芳香族卤素类化合物，如氯苯等。

③ 不含卤素有机溶剂类：由实验室所产生的废弃溶剂，该溶剂不含脂肪族卤素类化合物或芳香族卤素类化合物。

废物混合前需要做废液相容性试验，凡是会产生热、起火、产生有毒气体和易燃气体、发生爆炸、剧烈反应及不能确定是否有危害性的废物均不能混合填装。

回收容器不可装满，只能按照容器容积的 70%～80%盛装。每次装入新的废物前都应该检查容器内的液面高度。回收容器应带有防漏托盘和带盖漏斗，以防止溢出和泄漏。挥发性有机废液应使用金属废液罐。回收容器每装入一种新的废物，都应该立即在“化学废物日志”中标明。收集的废物应及时送至化学废物集中回收点。

6.2.2.2 化学实验室废液无害化处理的主要方法

目前高校已经普遍实行化学废液分类回收制度，因此熟悉、了解有关实验室化学废液无害化处理的主要方法，不仅可以尽量避免危险化学废物对人的危害和对环境的污染，还可以有效节约储存、运送与处理费用。特别是对于一些高毒、高危险性废液，必须及时安全处理以免发生意外。

实验室化学废液无害化处理的主要依据是化学废液的类型，对其无害化处理时，主要采取以下几种方法。

① 中和法。这是对于一般低浓度无机废酸、废碱在实验室经常采用的方法。操作时注意混合发热、产生气体及溶液飞溅伤人。

② 沉淀法。根据废液的性质，加入合适的沉淀剂，控制适当条件，将废液中有毒、有害组分生成无害沉淀，分离后再另行处置。该方法在处理有害重金属离子时较为常用。

③ 氧化法。该方法是在废液中加入或通入氧化剂，使有毒、有害物质发生氧化反应，分解后转化为无毒或低毒物质，如含氰废液的处理等。

④ 还原法。利用重金属多价态的特点，在废液中加入还原剂，使重金属离子转化为易于分离除去物质的一种方法。常用的还原剂为铁屑、铜屑、硫酸亚铁、亚硫酸氢钠等。

⑤ 蒸馏法。该法主要用于有机溶剂的回收再利用。

⑥ 焚烧法。大多数有机类废液都是可燃的，对于可燃性的有机类废液，最常用的方法就是焚烧法。

⑦ 溶剂萃取法。对于难以燃烧的物质和含水的低浓度有机废液，可用与水不相溶的正己烷、石油醚类挥发性溶剂进行萃取，分离出有机层后，进行蒸馏回收或焚烧。但对已形成乳浊液之类的废液，不能用此法处理，只能用焚烧法。

⑧ 吸附法。对于难以焚烧的物质和含水的低浓度有机废液，还可用该法处理。常用的吸附剂有活性炭、硅藻土等，吸附有机废液后，与吸附剂一起焚烧处理。

为防止实验室废物的污染扩散，废物的处理按照“分类收集、存放，分别集中处理”的原则。通常实验室产生的废气分为有组织排放和无组织排放两种，一般的有毒气体可通过通风橱或通风管道，经空气稀释排出；废液应根据其化学特性选择合适的容器和存放地点，通过专用密闭容器存放，不可混合储存。容器标签必须标明废物种类、储存时间，并定期处理。一般废液可通过酸碱中和、混凝沉淀、次氯酸钠氧化处理后排放，有机溶剂废液应根据性质进行回收。固体废物集中收集后，应第一时间交给有资质的第三方处理。

6.3 生物安全实验室废物的处置

6.3.1 生物安全实验室废物处理的原则

生物安全实验室废物是指进行生物实验后产生的玻璃仪器、生物药品培养皿等含有微生物细菌的废物。对此需要将要丢弃的所有生物废物进行分类处理。生物安全实验室废物处理的原则是对所有感染性材料必须在实验室内清除污染、高压灭菌或焚烧，不得将任何沾染微生物或病菌的物品带离实验室。

① 实验人员完成实验后将废物进行分类处理。

② 实验人员将感染性废物进行有效消毒或灭菌处理或焚烧处理。

③ 实验人员将未清除污染的废物进行包装后存放到指定位置，以便进行后续处理。

④ 在感染性废物处理过程中避免人员受到伤害或环境被破坏。

生物安全实验室废物清除污染的首选方法是高压蒸汽灭菌。废物应装在特定容器中（根据内容物是否需要进行高压蒸汽灭菌和或焚烧而采用不同颜色标记的可以高压灭菌的塑料袋），也可采用其他替代方法。

6.3.2 生物安全实验室废物的处理程序

生物实验室产生的废物种类复杂，同样应先进行鉴别再分别进行处理。

（1）生物废物种类

生物废物可以分成以下几类:

① 可重复使用的非污染性物品；

② 污染性锐器，如注射针头、手术刀及碎玻璃，这些废物应收集在带盖的不易刺破的容器内，并按感染性物质处理；

③ 通过高压灭菌和清洗清除污染后重复或再次使用的污染材料；

④ 高压灭菌后丢弃的污染材料；

⑤ 可直接焚烧的污染材料。

（2）生物实验室特有的废物的处理程序

① 实验废弃的生物活性实验材料特别是细胞和微生物（细菌、真菌和病毒等）必须及时灭活和消毒处理。

② 固体培养基等要采用高压灭菌处理，未经有效处理的固体废物不能作为日常垃圾处置。

③ 废液如细菌等需用15%次氯酸钠消毒30min，稀释后排放，最大限度地减轻对周围环境的影响。

④ 动物尸体或被解剖的动物器官需及时进行妥善处置，禁止随意丢弃动物尸体与器官。无论在动物房或实验室，凡废弃的实验动物或器官必须按要求消毒，并用专用塑料袋密封后冷冻储存，统一送有关部门集中焚烧处理。严禁随意堆放动物排泄物，与动物有关的垃圾必须存放在指定的塑料垃圾袋内，并及时用过氧乙酸消毒处理后方可运出。

⑤ 实验器械与耗材，如吸管、离心管、手套及包装等塑料制品应使用特制的耐高压超薄塑料容器收集，定期灭菌后，回收处理。

⑥ 废弃的玻璃制品和金属物品应使用专用容器分类收集，统一回收处理。

⑦ 注射针头用过后不应再重复使用，应放在盛放锐器的一次性容器内，盛放锐器的容器不能装得过满。当达到容量的四分之三时，应将其放入盛放“感染性废物”的容器中进行焚烧，可先进行高压灭菌处理。

⑧ 高压灭菌后可重复使用的污染（有潜在感染性）材料必须在高压灭菌或消毒后进行清洗。

⑨ 应在每个一工作台上放置盛放废物的容器、盘子或广口瓶，最好是不易破碎的容器（如塑料制品）。当使用消毒剂时，应使废物充分接触消毒剂（即不能有气泡阻隔），并根据所使用消毒剂的不同保持适当接触时间。盛放废物的容器在重新使用前应高压灭菌并清洗。

6.3.3　高压处理的分类及高压处理前的准备

（1）高压处理的分类

① 可以用来高压处理的物品：感染性的标本和培养物；培养皿和相关的材料；需要丢弃的活疫苗；污染的固体物品（移液管、毛巾等）。

② 不能用来高压处理的物品：化学性和放射性废物；某些外科手术器械；某些锐器。

（2）高压处理前的准备

必须使用特定的耐高压包装袋；包装袋不能装得过满；能够重复使用的物品高压处理时需要和液体的物品分开放置；如果袋子外面被污染，需要用双层袋子；所有的涉及生物材料的长颈瓶需要用铝箔进行封口；所有的物品均需要有标签。最好是专人负责高压锅的使用，使用人使用前必须学会：①如何正确开关机；②做好个人防护；③正确区分物品是否可以高压处理并确认包装是否正确；④超过 50L 的高压锅操作人员要有高压锅操作岗位证书。

6.4　实验室废物的收集及暂存

我国使用各种化学品的实验室数量庞大，造成废弃化学品种类繁多，产业结构比较复杂，各个单位分类收集、处置水平也参差不齐，存在一定程度上的乱堆、乱放、乱丢弃现象，对生态环境造成了破坏，迫切需要规范实验室废弃化学品收集行为。

化学实验室废物应按照相关规定进行分类，收集在实验室指定的储存容器内，化学废物收集时须避免产生剧烈反应，不具相容性的化学实验废物应分别储存，混合后会发生化学反应的废液，不能存放在同一容器内。甲类有机废液、含汞无机废液、含砷无机废液、含一般重金属离子的无机废液应单独收集，不可与其他物质混存。

6.4.1　废液的收集

实验室应自行准备大小合适、中等强度的包装材料（如纸箱、编织袋等），包装材料要求完好、结实、牢固，纸箱要求底部加固。放置玻璃瓶、玻璃器皿等易碎废物的纸箱，要注意采取有效防护措施避免运输过程中物品的破碎；瓶装化学品和空瓶不能叠放；每袋或每箱重量不能超过规定的承重。

实验室废液应根据其中主要有毒有害成分的理化性质分类收集，装入专用的废液桶中，液面不得超过容器的 2/3，并贴上化学废物的专用标签。标签上应明确标出有毒有害成分的全称或化学式以及大致含量。化学性质相抵触或灭火方法相抵触的废物不得混装，要分开包装、分开存储。收集的废液应放置在专门的区域，与实验操作区域隔离，并保证阴凉、干燥、通风。

标签尺寸应按照废物体积大小选择适合尺寸。废弃包装物包装材料采用至少 7 层瓦楞纸箱（尺寸为 420mm×340mm×220mm，盛装 500mL 空化学试剂瓶；340mm×340mm×340mm，盛装 2500mL 空化学试剂瓶）。

6.4.2 固体废物的收集

实验室常见的固体废物包括：废弃药品、废弃包装物（废弃药品瓶、桶、包装袋等）、一次性取样器、生化固体废物、放射性固体废物等。

生化固体废物应用黄色专用塑料袋进行包装分类收集，贴上生化固废标签，锐器类废物需要用牢固、厚实的纸板箱等小的容器妥善包装。对于被病原微生物污染过的废物，须先在实验室进行有效灭菌（灭活）后方可送至危废收集部门管理。

病原体的培养基、标本和菌种、毒种保存液属于《医疗废物管理条例》中的高危险废物，应当就地消毒。排泄物应严格消毒后，方可排入污水处理系统。使用后的一次性医疗器具和容易致人损伤的医疗废物应当消毒并作毁形处理。能够焚烧的，应当及时焚烧；不能焚烧的，消毒后集中处理。

放射性废物的处置须按照国家相关法律、法规进行分类、处理、处置和存放。密封源和半衰期长的同位素，须与有处置资质的单位签订处置协议或请厂商回收；处置协议需报设备管理处备案。半衰期短的同位素应按半衰期的长短和产生时间分类收集，在专用废物桶存放 10 个半衰期，接近本底水平后再按一般化学废物要求进行处置。

易燃、易爆、剧毒等化学物品在使用过程中及使用后的废渣、废液，应及时妥善处理，分类倒入指定的容器内，严禁乱放乱丢。放射性、传染性、多氯联苯、二噁英等物质须事先采用科学的、安全的办法改变其化学性质或成分，否则不得送往废物收集部门。

6.4.3 废物的暂存

对于已经收集的废物，废物收集部门应设置完整的废物清单，包括未能用尽的试剂及其包装、实验过程的副产品与泄漏物、实验结束后的清理物，对每一类废弃化学品应标明来源、主要组成、化合物性质，提示可能产生的有毒气体、发热、喷溅及爆炸等危险。为防止二次污染，以尽量选用无害或易于处理的药品或方法为原则，标明具体处理措施，如用漂白粉处理含氰废水，用生石灰处理某些酸液，用废酸液“以废治废”处理废碱液。要求废物产生单位按照清单要求填写，能够真实反映废物的组成成分及危险性。对收集完成的废物再根据化学品和实验废物的理化特性，进行分类管理。

存放废液桶区域最好设置围堰及废水排放口，以防废液不慎泄漏能够及时收集，不会与其他废液发生化学反应或是造成室内环境污染。如没有足够空间设置围堰或废水排放口，也可在废液桶底部放置搪瓷托盘，减少泄漏带来的隐患。

6.5　放射性污染及处理

放射性废物是指含有放射性核素或被放射性污染，其活度和浓度大于国家规定的清洁控制水平，并预计不可再利用的物质。生产、研究和使用放射性物质以及处理、整备（固化、包装）、退役等过程都会产生放射性废物。

对放射性废物中的放射性物质，现在还没有有效的方法将其破坏，以使其放射性消失。目前只是利用放射性自然衰减的特性，采用在较长的时间内将其封闭，使放射强度逐渐减弱的方法，达到消除放射污染的目的。

6.5.1　放射性污染的处理

在放射性物质生产和使用过程中，时常会发生人体表面和其他物体表面受到污染的现象，不但影响操作人员的身体健康还会污染周围的环境。对于已经被污染的情况，应及时进行处理。常规的放射性污染清理处置的方法如下：

① 工作室表面污染后，一般先用水及去污粉或肥皂刷洗，若污染严重则考虑用稀盐酸或柠檬酸溶液冲洗，或刮去表面或更换材料。也可用 1%二乙胺四乙酸钙和88%的水混合后擦洗；不宜用有机溶剂及较浓的酸清洗，若这样则会促使污染物进入体内。

② 对于吸入放射性核素的情况，应及时前往医院进行处理。

③ 对于已沾染污染的服装，污染严重时可选用高效洗涤剂，如草酸和磷酸钠的混合液。对于未能暂时清理的衣物，应先进行密封处理，然后统一清理。

6.5.2　放射性物质的处置

放射性废物处理的目的是降低废物的放射性水平和危害，减小废物处理的体积。在实际放射性工作中，合理设计实验流程，合理使用放射性设备、试剂和材料，尽量做到回收再利用，尽量减少放射性废物的产生量，优化设计废物处理，防止处理过程中的二次污染；放射性废物要按类别和等级分别处理，从而便于储存和进一步深化处理。

（1）放射性液体废物的处理

① 稀释排放。对符合《中华人民共和国放射性污染防治法》中规定浓度的废水，可以采用稀释排放的方法直接排放，否则应经专门净化处理。

② 浓缩贮存。半衰期较短的放射性废液可直接在一专门容器中封装贮存，经过一段时间，待其放射强度降低后，可稀释排放。对半衰期长或放射强度高的废液，可使用浓缩后贮存的方法。通过沉淀法、离子交换法和蒸发法，将放射物质浓缩到较小的体积，再用专门容器贮存或经固化处理后深埋或贮存于地下，使其自然衰变。

③ 回收利用。在放射性废液中常含有许多有用物质，因此应尽可能回收利用。这样做既不浪费资源，又可减少污染物的排放。可以循环使用废水，回收废液中某些放射性物质，并在工业、医疗、科研等领域进行回收利用。

（2）放射性固体废物的处理

对可燃性固体废物可通过高温焚烧大幅度减容，同时使放射性物质聚集在灰烬中。焚烧后的灰可在密封的金属容器中封存，也可进行固化处理。采用焚烧方式处理，需要有良好的废气净化系统，因而费用高昂。

对无回收价值的金属制品，还可在感应炉中熔化，使放射性被固封在金属块内。经压缩、焚烧减容的放射性固体废物可封装在专门的容器中，或固化在沥青、水泥、玻璃中，然后将其埋藏在地下或贮存于设于地下的混凝土结构的安全贮存库中。

（3）放射性气体废物的处理

对于低放射性废气，特别是含有半衰期短的放射物质的低放射性废气，一般可以通过高烟筒直接稀释排放。

对于含有粉尘或含有半衰期长的放射性物质的废气，则需经过一定的处理，如用高效过滤的方法除去粉尘，碱液吸收去除放射性碘等。经处理后的气体，仍需通过高烟筒稀释排放。

6.6　化学实验废物的转运

化学实验废物转运的一般流程如图 6.1 所示。

化学实验废物的回收、转运流程由各实验室、安全员、学校设备处共同完成。首先由实验室人员严格分类收集化学实验废物，再与安全员联系登记，经核对后，将化学实验废物暂存在废物暂存室或柜中，安全员分类规范存放，登记好废物的详细内容，制作统计表，定期通知学校相关部门联系专业废物处理公司来转运实验废物。

实验室废物处理目前仍存在很多问题，有毒有害废物直接排放的现象依然大量存在。而这些问题并没有引起足够的重视，相关职能部门未能及时采取有效的措施进行干预和处理。

部分老师、学生及实验室工作人员环保意识薄弱，没有充分认识到实验室环境污染的严重性和危害性。同时由于实验废液、废水和废气的污染物种类复杂，极易形成交叉污染，有可能产生新的毒性更大的物质。再者因为产生的污染物种类和数量不确定，污染物的排放具有间歇性和不可预见性，造成实验室污染处理技术难度大、成本较高，实验室的“三废”治理率较低。

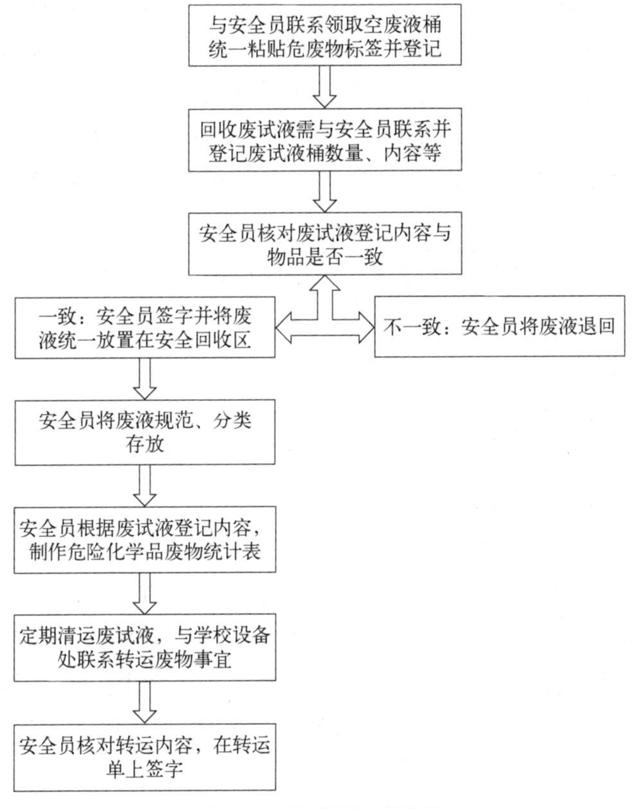

图 6.1　废物转运的一般流程

6.7　实验室废液信息管理系统

从国内高校实验室废液管理现状出发，将校园互联网与实验室废液管理相结合，设计一套实验室废液信息化管理系统，对废液进行网络化动态监管，旨在推进实验室废液信息化管理进程，优化废液处置流程，提高管理部门的管理效率和服务质量。实验室废液管理系统运用互联网技术，可实现系统内各功能模块之间的数据共享。该系统的设计框架如图 6.2 所示。

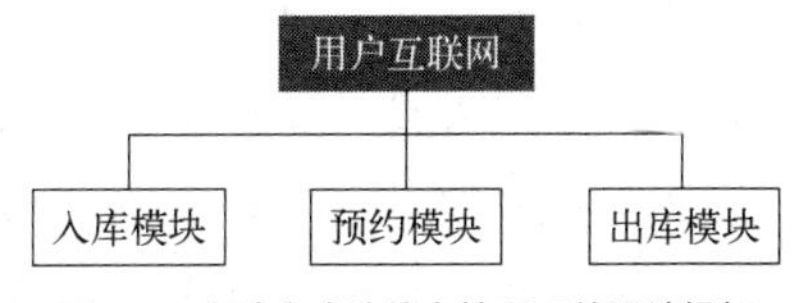

图 6.2　实验室废液信息管理系统设计框架

多级用户授权应用系统的登录及功能应用基于用户被分配的权限。系统可实现授权逻辑，灵活定义学生、各级实验室废液管理员、主管部门的权限。系统账号与校园统一身份认证绑定，所涉及的学院、教师、学生等基础数据与校园网系统相连，定时进行数据同步。

（1）入库模块

废液产生后的申报入库由经过授权的师生登录系统进行申报。申报师生应根据系统提示，如实填写废液的种类、重量、主要成分、容器规格、贮存场所、负责人、联系方式等信息，并由系统生成包括废液信息及专属二维码的统一标识，打印标识后即可提交入库申请。实验室及学院的废液管理人员审核入库申请后，申报师生将废液贮存在废液仓库中，同时系统生成入库记录。废液种类信息的填报应基于统一、合理的废液分类标准，并设计为必填项，在下拉框中选择输入。通过在系统中进行多次种类选择，使师生将对校内废液的分类有更清晰的认识，从而可以更好地进行收集。统一、合理的分类将极大地提高废液在校内贮存期间的安全性，同时为废液的清运和最终处理提供便利。

（2）预约模块

高校委托专业处置机构处置废液的日期、处置种类、车辆预计载重量将被反映在废液管理系统的预约模块中。校内各学院废液管理人员可以根据仓库中废液的贮存情况，选择合适的日期进行预约。提交预约申请后，高校废液管理人员将于所选计划截止预约后受理。受理期间，各学院废液管理人员可进入预约模块进行查询。系统将根据各学院预约的废液种类和重量进行判断，如酸性和碱性废液尽量避免使用同一车辆装运、当次车辆的总预约重量不得超过预计载重量等。预约成功后，校级管理部门将根据预约情况安排清运。为提高系统的实用性，可在预约模块增加红线警示功能。以仓库最大贮存量为参考值，设置各类废液的贮存警示量，即警示红线。

（3）出库模块

根据废液种类、危废类别按照规定要求统计每个实验室的出库数量或体积，经危废处理部门认定废液种类后进行出库清理，完成后由管理员对本次出库实验室、出库类别、出库数量进行登记。同时登录废液智能监管信息平台进行同步数据填报备案。

1．实验室废物包括哪些？

2．实验室废液主要有哪几类，如何划分？

3．实验室废气对人体危害主要有哪几种？

4．生物实验室废物如何界定？

5．请结合本校实际谈谈如何做好实验室废物处理。

6．结合实验室废液组成，提出处理废液的路径。

第七章

实验室安全管理体系

7.1 实验室安全管理的重要性

实验室是从事实验教学、科学研究、社会服务的重要场所。从实验室的布局、设备的维护保养，到危险化学品的存放、仪器设备的使用、安全检查，到实验室的管理模式、管理制度等许多方面，都要求我们要有严谨求实、精益求精的作风，培养安全实验的良好习惯。实验室中潜伏着许多危险因素，稍有疏忽，极易出现安全事故，严重威胁人身安全与财产安全。

实验室安全管理是高等学校实验室建设与管理不可或缺的重要组成部分。实验室安全管理关系到学校实验教学和科学研究能否顺利进行，国家财产能否免受损失，师生员工的人身安全能否得到保障，对高校的安全和稳定至关重要。因此，必须加强实验室的安全管理。近年来，高校中由师生在实验中操作不当、设备老化、消防不到位等原因导致爆炸、火灾所引起的重要物资被烧毁、人员伤亡等事故时有发生，造成的损失无法估量。实验室安全无小事，要时刻牢记“隐患险于明火，防范胜于救灾，责任重于泰山”，将安全事故消灭在萌芽之中，只要实验室发现安全隐患，就要及时采取有效措施，认真整治，督促整改。

7.2 实验室安全管理存在的问题

① 实验室安全管理制度不规范、针对性差。很多实验室没有安全管理制度，有的也不贴在墙上是很多实验室的共性问题，并且缺少安全责任追究的规定。

② 安全意识不强，安全教育不到位。大部分实验室入室前没有进行人员的安全专题教育，虽然有实验室进行了安全知识培训，但没有组织人员进行实验室安全知识考核，教育效果差。部分实验室缺乏安全警示标志，如剧毒物品标志、易燃易爆标志等。此外，单位网站主页没有设立安全教育宣传板块。

③ 实验室环境和管理较差。实验室的环境卫生不达标，主要表现为物品、药品没有分类存放，且摆放杂乱；实验室走廊和仪器设备（如冰箱、培养箱、烘箱）上存在堆放杂物的现象；部分实验室堆满有待报废的仪器设备，不仅占用实验室的空间和消防通道，还影响实验室的整体美观性。

④ 实验室安全设施配备不足。不少实验室因是旧楼房，受原有设计限制，没有易燃易爆物品专门存放点，有毒有害物品无法统一存放管理；实验室外面灭火器不够或已过期；部分实验室操作台没有排风机，供水处没有安装喷淋系统，存在有害物质随意排放的问题。

⑤ 实验室用电安全隐患较多。实验室化学仪器设备多，布满整个实验室，导致实验室插座严重不足，用电存在严重安全隐患。

⑥ 化学品管理不规范。危险化学品、剧毒化学品、易制毒化学品和易制爆化学品等管理上漏洞较大，表现在实验室化学品没有分类存放，化学药品使用管理台账不够规范，存在过期药品，气体钢瓶没有存放在气瓶柜或没有用链圈固定住等。

⑦ 实验室废物处理不规范。没有按有关规定分类处理并定时清理实验废物，废物与生活垃圾统一处理，安全隐患较大。

7.3 实验室安全管理体系构建

高校实验室危险源众多，教学及科研实验过程中也存在众多安全风险。建立全面的实验室安全管理体系，形成有效的措施，进行科学的管理，才能消除安全风险，降低事故发生率。同时，应加强实验室安全知识宣传，不断提高师生的安全意识。

7.3.1 建立健全实验室安全管理制度

应不断完善学校、二级单位及实验室的安全管理制度体系，落实各级安全责任人职责，将安全责任逐级分解，责任到人，明确各自安全职责，各司其职，形成统一的有机整体。

加强安全监督和惩处制度的落实。日常教学过程中对于有危险隐患的实验室，学校应设立专门的监督检查工作小组，同时各中层单位应定期对实验室进行监督检查，对存在安全隐患的实验室强令整改，从源头防止安全问题的发生。同时，学校要搭建分级管理网络，实施网格化管理，要求各实验室负责人签订安全责任承诺书，并组织相应的工作人员负责管理实验室安全，做到责任明确到个人，从而有组织有纪律地管理实验室。

7.3.2 开展多样的安全宣传教育

实验室安全教育是保障实验室安全的重要措施和关键所在。多数安全事故是由实验人员没掌握好相关的规范操作和规章制度而引发。组织实验人员学习实验室安全知识及强化实验人员基本技能，才能让他们了解安全操作及规章制度，才能把安全真正落实到位。同时，高校管理部门要落实做好安全风险评估、紧急情况处理预案等一系列前瞻性工作。通过召开安全工作会议、开展安全知识讲座、发放安全宣传手册、开展安全知识竞赛、通报校园安全隐患、观看安全教育宣传片等多种形式，加强实验室安全教育的宣传力度，让每个人都清楚地了解到实验室安全问题的严重性。

7.3.3　培训审核实验人员

学校内实验室进出人员繁多，专业技术水平参差不齐。对于没有经过专业培训、技术水平较低的人员，在未做安全防范时进行实验存在很大的安全风险。因此，实验室必须实行准入制度，建立实验室安全教育考试系统。考试系统集安全知识学习、练习、考试及安全手册于一体。学生进入实验室前须通过该系统学习实验室安全知识。对于成绩合格的学生给予其实验室门卡，允许其进入实验室做实验。实验室的准入制度还包括充分使用门禁及监控系统。因此，各实验室可以采用电子门禁系统辨识人员的身份信息，按照进入人员的专业技术水平进行分类处理，避免未经培训的人单独接触危险的实验。这些人若要进行实验操作，必须要有具备相应的操作经验人员的指导或陪同，从而保证实验在安全掌控中。在实验室中还要安装监控系统，保证实验室发生爆炸或者火灾等危险事故时，能及时发现并以最快的速度做出反应。同时对实验室设立监控点，确保其监控 24 小时工作，及时发现可疑的人和事并发出警报，以引起警卫人员或值班人员的注意。

实验室安全管理还可以运用现代科技，如使用虚拟现实 VR 技术进行危险实验的模拟、运用多媒体和计算机技术进行辅助教学等，这些都能有效地避免实际的实验操作错误所带来的不良后果，将实验的危险性降至最低，而且直观逼真的计算机虚拟技术也能给学生身临其境的感觉，从而达到预期的教学效果和目标。

7.3.4　管理危险化学药品

对于易制毒、易制爆化学药品的采购，须进行严格的审批管理，按正规程序购置并严格妥善保存。对于易制毒、易制爆化学药品应严格分类存放，做好通风安检工作；高校须有专门负责药品试剂安全的管理机构，并明确机构职能，专门职能机构部门负责、集中管理。对于储存易制毒、易制爆化学药品的储存室，须配备监控、报警、防火防盗及计量等设备。同时对于危险化学药品必须做到标签清晰，严格分类，按序储放。全面推行“双人保管、双人领取、双人使用、双把锁、双本账”的“五双”管理制度，以此加强各实验室对化学药品的管理。

建立化学药品网络管理系统，利用该系统及时准确更新实验室化学药品的购买、入库及使用时间、计量等过程信息，同时，方便快捷查询各实验室之间药品的有无，避免药品的浪费及过量购置。

7.3.5 建立健全排污监测机制

正确处理实验室气体、液体、固体废物是保证实验室环境安全和实验室人员人身安全的重要内容。高校须加强重视实验室废物排放所产生的污染问题。实验室要严格做到废液分类，做好有机废液、无机废液分类储存，清楚各废液中物质化学特性，杜绝出现不相容的废液混合的危险情况。高校管理部门要对实验室排污进行监督检测，健全排污取样检测机制，定点定期对实验室排污口进行取样检测，保证实验室污染物不会造成环境污染和影响人身安全。对于不符合检查标准的实验室，限令其进行整改，并增加给予通报批评等措施，坚决杜绝污染类安全事件的发生。加强实验室在危险废物产生的第一时间进行自行处理，确保达标后再向外排放的能力。对于无法通过自行处理废物达到国家相应排放标准的实验室，需要交由学校统一处理，由学校委托具备危险废物处理资质的第三方公司进行处理。

7.3.6 强化法人主体责任

要严格按照“党政同责，一岗双责，齐抓共管，失职追责”要求，根据“谁使用、谁负责，谁主管、谁负责”原则，把责任落实到岗位、落实到个人，坚持精细化原则，推动科学、规范和高效管理，营造人人要安全、人人重安全的良好校园安全氛围。构建学校、二级单位、实验室三级联动的实验室安全管理责任体系。学校党政主要负责人是第一责任人；分管实验室工作的校领导是重要领导责任人，协助第一责任人负责实验室安全工作；其他校领导在分管工作范围内对实验室安全工作负有支持、监督和指导职责。学校二级单位党政负责人是本单位实验室安全工作主要领导责任人。实验室责任人是本实验室安全工作的直接责任人。高校应当有实验室安全管理机构和专职管理人员负责实验室日常安全管理。

7.4 实验室安全管理要求

7.4.1 实验室仪器设备安全管理要求

对实验室仪器设备的管理主要有两个方面的重要意义。一是实验室仪器设备是测试产品及各种材料性能和质量情况的基本工具，只有合理地对实验室仪器设备进行管理，保证实验室仪器设备的功能正常，才能提供出精确、真实的实验数据。二是实验仪器设备专业性强，如不定期维护保养，或者不按照规范进行操作，很容易发生安全事故，如高压高温设备等。

（1）精密仪器设备管理

天平、火焰光度计、电导仪、热量计、抗压强度测试机等都属于精密仪器，应分别放置在不受环境干扰、比较安全的地方和专用仪器室内坚固的分析台上，并注意防震、防潮、防晒、防腐蚀和高温热源的影响。不得随意搬动、拆卸、改装精密仪器，如确有需要应做好相关的备查记录。精密仪器须经计量部门校正合格才能使用。精密仪器的使用操作方法必须严格按说明书规定，不得随意拨动仪器旋钮，以免损坏。精密仪器使用说明等技术资料应作为技术档案妥善保管，并做好使用检修记录。

（2）其他实验设备管理

所有的实验设备均应制订安全技术操作规程，操作者严格照章使用，避免发生事故。所有的实验设备必须安装在专门的实验房间，由专人操作和管理，每次使用完后对仪器进行相应的保养和场地清理，维持良好的实验环境。实验设备的配套电气设施如电源控制柜等如发生故障应通知相关专业人员修理，防止非专业人员操作发生意外事故。实验设备中的机械传动部位的润滑和维护等工作，按时进行保养和检查。

其中特种设备的管理参照第三章内容。

7.4.2　实验室药品安全管理要求

实验室的化学药品及试剂溶液品种很多，化学药品大多具有一定的毒性及危险性，对其加强管理不仅是保证分析数据准确的需要，也是确保安全的需要。实验室只宜存放少量短期内需用的药品。化学药品存放时要分类，无机物可按酸、碱、盐分类，盐类中可按元素周期表金属元素的顺序排列，如钾盐、钠盐等，有机物可按官能团分类，如烃、醇、酚、醛、酮、酸等。另外，也可按应用分类，如基准物、指示剂、色谱固定液等。

实验室试剂存放要求如下：

① 易燃易爆试剂应储于铁柜中（壁厚 1mm 以上，柜的顶部有通风口）。严禁在实验室存放大于 20L 的瓶装易燃液体。易燃易爆药品不要放在冰箱内（防爆冰箱除外）。

② 相互混合或接触后可以产生激烈反应、燃烧、爆炸、放出有毒气体的两种或两种以上的化合物称为不相容化合物，不能混放。这种化合物多为强氧化性物质与还原性物质。

③ 腐蚀性试剂宜放在塑料或搪瓷的盘或桶中，以防瓶子破裂造成事故。

④ 要注意化学药品的存放期限，一些试剂在存放过程中会逐渐变质，甚至形成危害物。醚类、四氢呋喃、二噁烷、烯烃、液体石蜡等在见光条件下若接触空气可形成过氧化物，放置越久越危险。异丙醚、丁醚、四氢呋喃、二噁烷等若未加阻化剂（对苯二酚、苯三酚、硫酸亚铁等）存放期限不得超过 1 年。已开瓶的乙醚若加 1，2，3-

苯三酚（每 100mL 加 0.1mg）存放期限可达 2 年。

⑤ 药品柜和试剂溶液均应避免阳光直晒及靠近暖气等热源。要求避光的试剂应装于棕色瓶中或用黑纸或黑布包好存于暗柜中。

⑥ 发现试剂瓶上标签掉落或将要模糊时应立即重制标签。无标签或标签无法辨认的试剂都要当成危险物品重新鉴别后小心处理，不可随便乱扔，以免引起严重后果。

⑦ 易制毒、易制爆、剧毒品应锁在专门的药品柜中，双人双锁，建立领用需经申请、审批、双人登记签字的制度。

7.4.3 实验室水电安全管理要求

（1）用电安全

① 实验室内电气设备的安装和使用管理，应符合安全用电管理规定，大功率实验设备用电应使用专线，谨防因超负荷用电着火。

② 实验室内应使用空气开关并配备必要的漏电保护器；电气设备和大型仪器须接地良好，对电线老化等隐患要定期检查并及时排除。

③ 定期检查电线、插头和插座，发现损坏，立即更换。

④ 严禁在电源插座附近堆放易燃物品，严禁在一个电源插座上通过接转头连接过多的电器。

⑤ 不得私拉乱接电线，各类电源未经允许，不得拆装改线。

⑥ 实验前先连接线路，检查用电设备，确认仪器设备状态完好后，方可接通电源。实验结束后，先关闭仪器设备，再切断电源，最后拆除线路。

⑦ 严禁带电插接电源，严禁带电清洁电气设备，严禁手上有水或潮湿接触电气设备。

⑧ 电气设备安装应具有良好的散热环境，远离热源和可燃物品，确保设备接地可靠。

⑨ 在使用窑炉、烘箱等电热设备过程中，使用人员不得离开设备。

⑩ 对于长时间不间断使用的电气设施，需采取必要的预防措施；若离开房间时间较长，应切断电源开关。

⑪ 高压大电流的电气危险场所应设立警示标志，进行高电压实验应注意保持一定的安全距离。

⑫ 发生电气火灾时，首先应切断电源，尽快拉闸断电后进行灭火。扑灭电气火灾时，要用绝缘性能好的灭火剂如干粉灭火器、二氧化碳灭火器或干燥沙子，严禁使用导电灭火剂（如水、泡沫灭火器等）扑救。

（2）用水安全

① 了解实验楼自来水各级阀门的位置。

② 水龙头或水管漏水、下水道堵塞时，应及时联系修理、疏通。

③ 应保持水槽和排水渠道畅通。

④ 杜绝出现水龙头打开而无人监管的现象。

⑤ 输水管应使用橡胶管，不得使用乳胶管；水管与水龙头以及设备仪器的连接处应使用管箍夹紧。

⑥ 定期检查输水装置连接胶管接口和老化情况，发现问题应及时更换，以防漏水。

⑦ 实验室发生漏水和浸水时，应第一时间关闭水阀。发生水灾或水管爆裂时，应首先切断室内电源，转移仪器设备，防止被水浸湿，组织人员清除积水，及时报告维修人员处置。如果仪器设备内部已被淋湿，应上报实验室维修人员维护。

7.5　实验室事故案例及分析

（一）案例一

事故经过：

2015 年 4 月 5 日中午，某大学化工学院一实验室发生压力气瓶爆炸事故。该实验室承担了与江苏某公司合作的“纳米催化剂元件的制备方法”项目。当天上午，刘、向、宋三位同学先后完成与该项目和毕业设计相关实验后，汪同学与公司江某 12 点 30 分后进入实验室进行纳米催化剂元件灵敏度测试试验，试验过程中不幸发生甲烷混合气体储气钢瓶爆炸事故。事故造成汪同学死亡，江某重伤截肢，向某等三名研究生轻伤。

事故原因分析：

直接原因：事发实验室进行纳米催化元件的制备试验，试验采用的是私自充装的甲烷混合气体钢瓶，其中气瓶内甲烷含量达到爆炸极限范围。试验中开启气瓶阀门时，气流快速流出引起的摩擦热能或静电，导致瓶内气体反应发生爆炸。

间接原因：违规配制试验用气；对甲烷混合气的危险性认识不足；爆炸气瓶属超期服役；实验室不具备必要的安全条件。该大学、化工学院对有关人员的安全教育培训不足；实验室安全管理存在薄弱环节。

事故经验教训：

① 加强对有关实验室安全管理，特别是对从事危险性较高的试验项目及试验用设备、仪器或设施的安全管控；对易燃易爆气体要加强统一管理。

② 加强对所使用的气瓶的安全检查。杜绝私自配制瓶装气体的违规行为，不使用超检验期和报废期的气瓶，不使用瓶内介质与标志不符的气瓶，不使用来路不明的气瓶。做好实验室的设置和气瓶存放管理，加强检查力度，督促整改安全隐患。

③ 加强对实验室人员的安全知识培训和法规教育，提高安全意识。加强操作人员教育培训，提高操作技能。

（二）案例二

事故经过：

2019 年 2 月 27 日凌晨，江苏省某大学教学楼内一实验室发生火灾，学校报警后 119、110 迅速到场。因为火势蔓延迅速，整栋大楼几乎都浓烟滚滚，9 辆消防车、43 名消防员到达现场，用水枪喷射明火并且降温，1 时 30 分火灾被扑灭。教学楼外墙面被熏黑，窗户破碎，警方及学校保卫部门封闭现场。火灾烧毁 3 楼热处理实验室内办公物品，并通过外延通风管道引燃 5 楼顶风机及杂物。当时没有人在大楼里，没有人员受伤。

事故原因分析：

夜间实验室未关闭电源，导致电路火灾。

事故经验教训：

① 各实验室责任人应将提高实验人员安全意识作为一项常规工作，定期进行安全教育和培训。

② 实验时应按照规范进行实验操作，严禁独自一人在实验室做实验，更不得在实验进行中途离开实验室。

③ 实验人员实验前应做好预习准备工作，了解实验所涉及试剂的理化性质，熟悉仪器设备的性能及操作规程，做好安全防范工作。

④ 进入实验室要做好必要的个人防护，特别注意易燃易爆危险化学品、辐射、生物危害、特种设备、机械传动、高温高压等对人体的伤害。

⑤ 实验时涉及有毒、易燃易爆、易产生严重异味或易污染环境的操作应在专用设备内进行，注意水、电、气的使用安全。

⑥ 实验结束后，最后一个离开实验室的人员必须检查并关闭整个实验室的水、电、气、门窗。

判断下面表述的正误。

1. 实验室内应使用空气开关并配备必要的漏电保护器；电气设备应配备足够的用电功率和电线，不得超负荷用电；电气设备和大型仪器须接地良好，电线老化等隐患要定期检查并及时排除。

2. 可以用潮湿的手碰开关、电线和电器。

3. 实验室的电源总闸没有必要每天离开时都关闭，只要关闭常用电器的电源即可。

4. 为方便进出专人管理的设备房间，可自行配制钥匙。

5. 从事特种作业（如电工、焊工、辐射、病原微生物等）的人员，必须接受相关的专业培训，通过考核并持有相应的资质证书才能上岗。

6. 实验室内可以使用电炉、微波炉、电磁炉、电饭煲等取暖、做饭。

7. 在不影响实验室周围的走廊通行的情况，可以堆放仪器等杂物。

8．实验室气体钢瓶必须用铁链、钢瓶柜等固定，以防止倾倒引发安全事故。

9．实验室应将相应的规章制度和操作规程挂到墙上或便于取阅的地方。

10．高校实验室科研教学活动中产生和排放的废气、废液、固体废物、噪声、辐射等，应按环境保护行政主管部门的要求进行申报登记、收集、运输和处置。严禁把废气、废液、废渣等污染物直接向外界排放。

第八章

新工科专业设备操作安全

安全是一个涉及多行业乃至关系到整个国家发展的话题，生活中离不开安全，学习中离不开安全，工作中更离不开安全。离我们最近的安全就是家里的煤气、水、电，化工企业涉及产业安全、生产安全、化工工艺安全等。高校专业门类繁多，理工类院校涉及的实验课程多为材料、物理、机电、生物、化工等方向，所学实验课程大多涉及大型用电仪器设备，对设备的正确使用是保证实验过程安全的基础，因此了解不同行业或专业的大型设备使用方法和注意事项就是在避免仪器设备使用安全事故。

因此，我们从环境专业、化工专业等理工类专业涉及的仪器设备操作规范及注意事项展开学习。

8.1　环境科学与工程实验操作规范及注意事项

在国家对环境治理提出严格要求的同时，高校环境专业也面临着实验课程改革，使学生将学校所学的理论和实验研究应用到工作实际中。环境的治理过程已经从雾霾密布到晴空万里，从黑臭恶到清澈透明水体，这些看得到的蓝天绿水离不开环境科学与工程的基础理论研究。为此，加强环境科学与工程专业学生的实验操作显得尤为重要，提高学生在实验过程中的基本能力及设备操作能力是专业实验的根本出发点。为此，我们一起讨论在环境实验过程中会遇到的实验安全问题都有哪些，并且学会正确使用大型仪器设备。

8.1.1　加热实验注意事项

环境科学与工程实验由于其特殊性，所涉及的化学品可能易燃、易爆，可能是强酸、强碱甚至是有毒有害品，操作过程带有一定的危险性，稍有不慎就会发生爆炸，就会发生事故。因此，有必要采取预防措施，以及培养实验人员基本的安全常识和学习正确的操作方法。

（1）酒精灯加热

酒精灯火焰（图 8.1）温度一般在 400～500℃，所以需要温度不太高的实验都可用酒精灯加热，酒精灯内酒精体积应大于灯容积的1/4，小于灯容积的2/3（酒精量太少会导致灯中酒精蒸气过多容易引起爆燃，量太多会受热膨胀使酒精溢出），禁止向正在使用的酒精灯里添加酒精以及用酒精灯引燃另一盏酒精灯以免造成失火。使用完酒精灯之后，需用灯帽将火盖火，切记不可用嘴去吹否则可能将火焰沿酒精灯灯颈压入灯内，引燃灯内的酒精导致爆炸。

（2）水浴加热

水浴加热的温度不超过100℃。水浴锅（图8.2）炉丝套管是焊接密封的，无水加热时会烧坏套管，水进入套管之后将会造成炉丝的损坏或发生漏电现象。因此，使用水浴锅之前先要注入适量的水，并保证在使用过程中及时补充。要保持水浴锅内清洁，定期更换清洁水，较长时间停用，需要清理干净，避免生锈。

图8.1　酒精灯

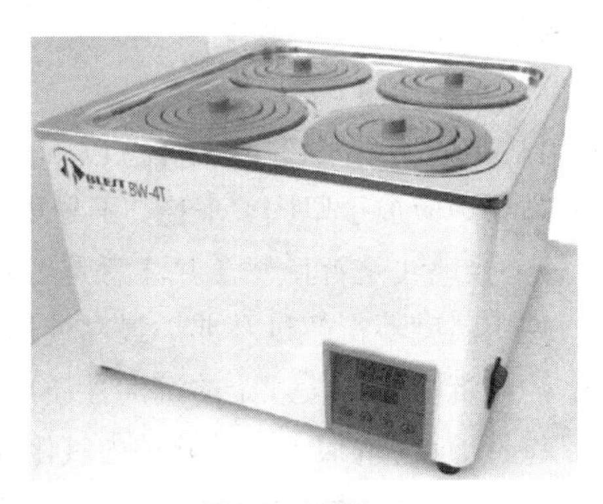

图8.2　水浴锅

（3）油浴加热

当加热温度在100～200℃时，宜使用油浴锅（图8.3）。油浴加热的优点是使反应物受热均匀，反应物的温度一般低于油浴温度20℃左右。

图8.3　油浴锅

常用油浴的使用注意事项有如下几点：

① 甘油，可以加热到140～150℃，温度过高时则会炭化。

② 植物油如菜油、花生油等，可以加热到220℃，常加入1%的对苯二酚等抗

氧化剂，便于久用。若温度过高时分解，达到闪点时可能燃烧起来，所以使用时要小心。

③ 石蜡油，可以加热到200℃左右，温度稍高并不分解，但较易燃烧。

④ 硅油，在250℃时仍较稳定、透明度好、安全，是目前实验室里较为常用的油浴之一，但其价格较贵。

使用油浴加热时要特别小心，防止着火，当油浴受热冒烟时，应立即停止加热，油浴中应挂温度计观察油浴的温度和有无过热现象，同时便于调节控制温度，温度不能过高，否则受热后有溢出的危险。

使用油浴时要竭力防止产生可能引起油浴燃烧的因素，加热完毕取出反应容器时，需用铁夹夹住反应器离开油浴液面悬置片刻，待容器壁上附着的油滴完后，再用纸片或干布擦干器壁。

（4）马弗炉加热

使用马弗炉（图8.4）时应注意以下几点：

① 马弗炉应放于坚固、平稳、不导电的平台上。通电前，先检查马弗炉电气性能是否完好，接地线是否良好，并注意是否有断电或漏电现象。

② 使用温度不得超过马弗炉最高使用温度下限。

③ 灼烧沉淀时，按规定的沉淀性质所要求的温度进行，不得随便超过。

④ 保持炉膛清洁，及时清除炉内氧化物之类的杂物；熔融碱性物质时，应防止熔融物外溢，以免污染炉膛；炉膛内应垫一层石棉板，以减少坩埚的磨损及防止炉膛污染。

⑤ 热电偶不要在高温状态或使用过程中拔出或插入，以防外套管炸裂。

⑥ 不得连续使用8h以上。

⑦ 要保持炉外清洁、干燥，炉子周围不要放置易燃易爆及腐蚀性物品。

⑧ 禁止向炉膛内灌注各种液体及易溶解的金属。

⑨ 不用时应开门散热，并切断电源。

⑩ 马弗炉内热电偶的指示温度，应定期校正。

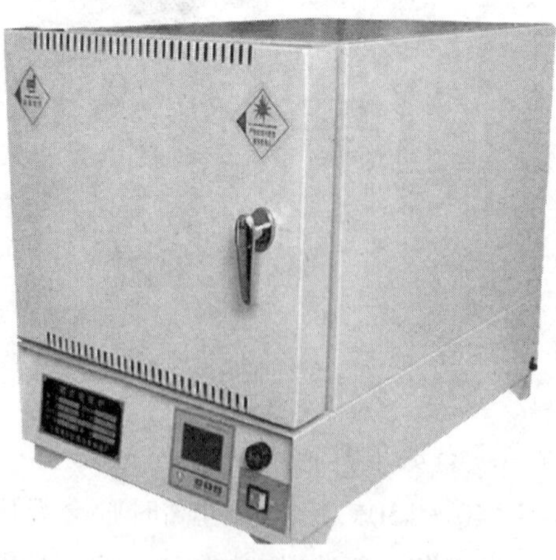

图8.4 马弗炉

（5）箱式高温炉

箱式高温炉（图 8.5）是实验室常用的加热设备。使用时要注意如下方面。

① 高温炉要放在牢固的水泥台上，周围不应放有易燃易爆物品，更不允许在炉内灼烧有爆炸危险的物体。

② 高温炉要接有良好的地线，其电阻应小于 5Ω。

③ 使用时切勿超过箱式高温炉的最高温度。

④ 装取试样时一定要切断电源，以防触电。

⑤ 装取试样时炉门开启时间应尽量短，以延长电炉使用寿命。

⑥ 不得将沾有水和油的试样放入炉膛，不得用沾有水和油的夹子装取试样。

⑦ 一般根据升温曲线设定升温步骤。低温手动升温时，注意观察电流值，不可过大。

⑧ 对以硅碳棒、硅碳管为发热元件的高温炉，与发热元件连接的导线接头接触要良好，发现接头处出现“电焊花”或有嘶嘶声时，要立即停炉检修。

⑨ 不得随便触摸电炉及周围的试样。

图 8.5　箱式高温炉

除了上述加热设备需要特殊注意外，温度计作为加热设备温度指示的重要部分，使用也必不可少。温度计一般有酒精温度计、水银温度计、石英温度计及热电偶等。低温酒精温度计测量范围为−80～50℃；酒精温度计测量范围为 0～80℃；水银温度计测量范围为 0～360℃；石英温度计测量范围在 0～500℃；热电偶在实验室中不常用。应根据不同待测温度选用合适的温度计。

注意：温度计不能当搅拌棒使用；水银温度计破碎后，切勿用手直接接触，在没有锌粉的情况下，用沙土将散落的水银收集起来，并做好标注，并及时从房间撤离，打开门窗通风，避免汞中毒。

8.1.2　环境专业低温设备操作注意事项

在低温操作的实验中，为获得低温，有采用冷冻机和使用适当的冷冻剂两种方法。

如将冰与食盐或氯化钙等混合构成的冷冻剂，大约可以冷却到−20℃的低温，且没有大的危险性。但是，采用−70～−80℃的干冰冷冻剂以及−180～−200℃的低温液化气体时，则有相当大的危险性。因此，操作时必须十分注意。

（1）低温液体的潜在危险

低温液体都可能涉及下列潜在危险。

① 低温液体的温度都极低。低温液体和它们的蒸气能够迅速冷冻人体组织，而且能导致许多常用材料，如碳素钢、橡胶和塑料变脆甚至在压力下破裂。容器和管道中的温度在或低于液化空气沸点（−194℃）的低温时能够浓缩周围的空气，导致局部的空气富氧。极低温液体，如氢和氦甚至能冷冻或凝固周围空气。

② 低温液体在蒸发时都会产生大量的气体。例如，在101325Pa下，单位体积的液态氮在20℃时蒸发成694单位体积的氮气。如果这些液体在密封容器内蒸发，它们会产生能够使容器破裂的巨大压力。

③ 除了氧以外，在封闭区域内的低温液体会通过取代空气导致窒息。在封闭区域内的液氧蒸发会导致氧富集，能支持和大大加速其他材料的燃烧，如果存在火源，会导致起火。

（2）使用液化气体及液化气体容器的注意事项

① 操作必须熟练，一般要两人以上进行实验。初次使用时，必须在有经验人员的指导下进行操作。

② 一定要穿防护衣，戴防护面具或防护眼镜，并戴皮手套等防护用具，以免液化气体直接接触皮肤、眼睛或手脚等部位。

③ 使用液态气体时，液态气体经过减压阀应先进入一个耐压的大橡皮袋和气体缓冲瓶，再由此进入要使用的仪器，这样防止液态气体因减压而突然沸腾汽化、压力猛增而发生爆炸。

④ 使用液化气体的实验室，要保持通风良好，实验的附属用品要固定。

⑤ 液化气体的容器要放在没有阳光照射、通风良好的地点。

⑥ 处理液化气体容器时，要轻快稳重。

⑦ 装冷冻剂的容器，特别是真空玻璃瓶，新的时候容易破裂。所以要注意，不要把脸靠近容器的正上方。

⑧ 如果液化气体沾到皮肤上，要立刻用水洗去，而沾到衣服时，要马上脱去衣服。

⑨ 发生严重冻伤时，要请专业医生治疗。

⑩ 如果实验人员窒息了，要立刻移到空气新鲜的地方进行人工呼吸，并迅速找医生抢救。

8.1.3 环境科学与工程实验室常用大型仪器安全操作规范

（1）高效液相色谱仪/高效液相色谱质谱联用仪

高效液相色谱仪是用于高沸点、热不稳定复杂混合物快速分离的分析仪器，在化学实验室也有着广泛应用。与气相色谱仪不同，高效液相色谱仪使用液体溶剂为流动相。现代高效液相色谱仪为了获得高柱效而使用粒度很小的固定相，液体流动相高速通过分离柱时，将产生很高的压力，因此，高压、高速是高效液相色谱的特点之一。高效液相色谱仪使用高压泵输送液体，分离柱压力可高达 150×10^5～350×10^5Pa。

为加强实验室高效液相色谱仪/高效液相色谱质谱联用仪管理，保证其处于良好的备用状态，在使用高效液相色谱仪/高效液相色谱质谱联用仪时需要注意以下事项：①所有的溶剂均选用 HPLC 级试剂；②连接质谱仪时，禁止使用含不挥发性缓冲盐的流动相，流动相中如含有不挥发性缓冲盐，必须用 5%甲醇或 5%乙腈冲洗；水相流动相需经常更换，防止长菌变质；③样品用 0.45μm 的滤膜过滤后才可进样，超高效液相色谱必须用 0.22μm 的滤膜过滤；④色谱柱用合适的溶剂保存，若为 C_{18} 柱推荐用甲醇保存；⑤质谱的真空度一般要大于 10^{-6}Pa，在此范围内仪器才可正常工作。

（2）气相色谱仪/气相色谱质谱联用仪

气相色谱仪是常用于分离挥发性物质的色谱仪器；气相色谱质谱联用仪是将气相色谱与质谱仪进行串联。使用过程中应注意以下事项。

① 务必记住开机前先开载气，关闭仪器时最后关气。气相色谱使用气体作为载气，涉及各种气体钢瓶，这通常需要设置专用气瓶间存放。气瓶气量要充足，可保证连续使用要求。当气瓶压力低于 1.5MPa 时应停止使用，不允许完全将气瓶内气体用尽出现无压力状态。使用氢气作载气时，氢气瓶或氢气发生器不允许与氧气瓶或空气压缩机混放。气瓶间内的气体钢瓶与仪器间应采用不锈钢管线连接，外部气体管路应经常检查，防止漏气。

② 在仪器运行过程中，禁止通过电源开关重启质谱仪，如遇特殊情况，可通过重启按钮来实现质谱仪的重启。

③ 测试样品前处理过程必须符合仪器要求。

④ 气相色谱仪使用期间需要高温加热，应随时注意观察仪器柱温、汽化温度及检测温度，避免出现温度失控现象，损坏柱子及仪器。

⑤ 载气排放口应连接到室外，保持室内通风良好。

⑥ 使用热导检测器时，避免没开载气、管路堵塞、管路连接处漏气、毛细管柱断裂造成的无气体流过检测器，烧坏电阻丝的情况。经常检查、更换进样口的硅橡胶密封垫，防止载气的泄漏，以及仪器内部连接处漏气，毛细管色谱柱断裂造成的漏气。

⑦ 使用氢火焰检测器时，应注意熄火造成气体泄漏到室内。避免样品及溶剂在室内挥发，进样器润冲时多余的溶剂与样品必须用滤纸吸收后另行处置。

⑧ 仪器使用结束时，应先关闭各电子部件再关机，继续保持通气至温度正常后再关闭气源。严格避免先关闭载气、后停机的情况。

⑨ 进样口处温度较高，进样时避免接触造成烫伤。

案例：某实验室研究人员在开启气相色谱仪时柱温箱忽然爆炸，幸亏当时操作人员站得较远，没有受伤，但是仪器受损严重。事故原因是之前一名维修人员把色谱柱卸下，而本次操作的人员不知情，开启氢气，接通电源后发生氢气爆炸。本次事故操作人员要负主要责任，开机前没有检查气路就开启比较危险的载气氢气；维修人员要负次要责任，对仪器改动后未通知相关的使用人员。

（3）原子吸收光谱仪

原子吸收光谱法（AAS）是利用气态原子可以吸收一定波长的光辐射，使原子中外层的电子从基态跃迁到激发态的现象而建立的一种分析方法。原子吸收光谱法现已成为无机元素定量分析中应用最广泛的一种分析方法，主要适用于样品中微量及痕量组分分析。原子吸收光谱仪由光源、原子化系统、分光系统、检测系统等几部分组成。光源的功能是发射被测元素的特征共振辐射，目前多使用空心阴极灯作为理想的锐线光源。仪器的原子化方法主要有火焰原子化法和石墨炉电热原子化法。

在火焰原子化法中，最常使用空气-乙炔火焰，温度可达 2300℃。石墨炉电热原子化法则是用大电流通过石墨管，产生高达 3000℃的高温，使样品蒸发和原子化。原子吸收光谱分析仪使用危险性较大的是乙炔气体，因此在实验过程中，必须注意防止乙炔气体泄漏及高温安全，最好将乙炔气体放置在气瓶柜中，并时刻保持气瓶柜运行状态，做到及时监控气体泄漏等突发状况。

在使用原子吸收光谱仪进行金属离子测定过程中，无论是采用火焰原子吸收法还是石墨炉电热原子吸收法均应按照正确的操作规范，具体使用注意事项如下。

① 在使用火焰原子化法测定时，要特别注意防止回火，注意点火和熄灭时的操作顺序。点火时一定要先打开助燃气，然后再打开燃气；熄火时必须先关闭燃气，待火熄灭后再关助燃气。

② 使用石墨炉电热原子化法测定时，要注意通入惰性气体保护。要特别注意先接通冷却水，确认冷却水正常后再开始工作。工作中如遇突然停水，应迅速切断主电源，以免烧坏石墨炉。

③ 工作中如遇突然停电，应迅速熄灭火焰，用石墨炉时，应迅速关闭石墨炉电源。然后将仪器的各部分设置为停机状态，待恢复供电后再重新启动。

④ 进行火焰法测定时，万一发生回火，千万不要慌张，首先要迅速关闭燃气和助燃气，切断仪器的电源。如果回火引燃了供气管道和其他易燃物品，应立即用二氧化碳灭火器灭火。发生回火后，一定要查明原因，排除引起回火的故障。在未查明回火原因之前，不要轻易再次点火。在重新点火之前，切记检查水封是否有效，雾化室防爆膜是否完好。

（4）荧光分光光度计

通常状况下处于基态的荧光物质分子吸收激发光后变为激发态，而这些处于激发态的物质分子在返回基态的过程中将一部分能量以光的形式放出，从而产生荧光。产生荧光的第一个必要条件是该物质的分子必须具有能吸收激发光的结构，通常为共轭双键结构；第二个条件是该分子必须具有一定程度的荧光效率，即荧光物质吸光后所发射的荧光量子数与吸收的激发光的量子数的比值达到一定值。将激发光波长固定在最大激发波长处，然后扫描发射波长，测定不同发射波长处的荧光强度，即可得到荧光发射光谱，其形状与激发光波长无关；选择荧光的最大发射波长为测量波长，改变激发光的波长，测量荧光强度的变化，即可得到荧光激发光谱。

不同物质由于分子结构不同，其激发态能级的分布具有各自不同的特征，在荧光上的表现即为各种物质都具有其特征荧光激发和发射光谱，因此可以利用荧光激发和发射光谱的不同来定性或定量地进行物质的鉴定与分析。

使用注意事项：主机工作时，顶部排热器温度很高，切勿触摸，以免烫伤。测定结束，第一时间关闭氙灯，为了延长氙灯的寿命，需等氙灯冷却后（大约 30min），再关闭电脑和仪器电源，最后将台面清理干净。

（5）紫外-可见分光光度计

紫外-可见分光光度计（ultraviolet-visible spectrophotometer）是基于紫外-可见分光光度法原理，利用物质分子对紫外-可见光区的辐射产生吸收来进行分析的一种仪器。分子的紫外-可见吸收光谱是由于分子中的某些基团吸收了紫外-可见辐射光后，发生了电子能级跃迁而产生的吸收光谱。由于不同物质具有各自不同的分子、原子及空间结构，其吸收光能量的情况也不同，因此每种物质就表现出其特有的、固定的吸收光谱，进而可以根据吸收光谱上的某些特征吸收峰及其吸光度的强弱对试样进行定性和定量分析。紫外-可见吸收光谱通常用于在紫外-可见光范围内有吸收的有机物的鉴定及结构分析，此外还可用于酶活性检测、无机化合物分析、光学材料特性测定等。

使用注意事项：仪器自检时必须等所有指示灯变为绿灯，方可进行下一步操作。

8.2 能源化工、材料行业实验室常用仪器安全操作规范

8.2.1 傅里叶变换红外光谱仪

红外光谱又称为振动转动光谱，是一种分子吸收光谱。当分子受到红外光的辐射时，产生振动能级（同时伴随转动能级）的跃迁，在振动（转动）时有偶极矩改变者会吸收红外光子，形成红外光谱。用红外光谱法可进行物质的定性和定量分析（以定性分析为主），根据分子的特征吸收可以鉴定化合物的分子结构。

傅里叶变换红外光谱仪（Fourier transform infrared spectrophotometer，FTIR）和其他类型红外光谱仪一样，都是用来获得待测样品的红外光谱，但测定原理有所不同。在色散型红外光谱仪中，光源发出的光先照射到样品而后再经分光器（光栅或棱镜）分成单色光，由检测器检测后获得吸收光谱。但在傅里叶变换红外光谱仪中，首先是

将光源发出的光经迈克尔逊干涉仪变成干涉光，再让干涉光照射到样品，经检测器获得干涉图，最后由计算机将干涉图进行傅里叶变换而得到吸收光谱。

注意事项：一般用分析纯溴化钾（需经红外或烘箱充分干燥后置于干燥器中备用），进行液体药品测定时，液体池如果需要使用 KRS-5 盐片时，一定要注意 KRS-5 盐片有毒，必须佩戴手套进行操作，避免直接接触。

8.2.2 扫描电子显微镜

扫描电子显微镜（SEM）是介于透射电子显微镜和光学显微镜之间的一种微观形貌观察仪器，是各种材料表征的重要手段。

使用过程中应注意以下事项：①进入扫描电子显微镜室应当穿戴鞋套，进行操作时应保持室内卫生情况，防止灰尘及其他碎屑污染；②样品必须为固体，必须在真空条件下可以长时间保持稳定；③在样品制备时可将样品置于导电胶带或者硅片上面，需用强力洗耳球吹去粘不牢固的样品；④对于导电性不好的样品必须先进行镀金操作；⑤样品高度不能超过样品仓的安全高度，且必须用导电胶带固定牢固，以防样品在抽真空时发生脱落；⑥开关样品仓门时，送样杆必须沿轴线方向进行推拉，必须待样品仓推拉到位时再进行下一步的操作，以防损坏设备；⑦进行扫描电子显微镜测样时一定要按规定进行操作。

8.2.3 X 射线光电子能谱仪

X 射线光电子能谱仪（XPS）是一种表面分析仪器，主要用于表征材料表面元素和化学状态，是材料科学领域重要的仪器。通过对材料进行 X 射线衍射，分析其衍射图谱，获得材料的成分、材料内部原子或分子的结构或形态等信息。

使用过程中应注意以下事项：①X 射线光电子能谱的待测样品必须无磁性、无放射性以及无毒性；②样品应不吸水，且在超高真空中及 X 射线照射下不分解；③样品必须不含挥发性物质，以免对高真空系统造成污染；④样品的存放必须使用玻璃制品（如称量瓶、表面皿等）或者铝箔，不得使用塑料容器和纸袋；⑤制备样品时应使用聚乙烯手套，不得使用塑料手套和塑料工具。

8.2.4 透射电子显微镜

透射电子显微镜是一种高分辨率、高放大倍数的显微镜，是材料科学研究的重要手段，能提供极微细材料的组织结构、晶体结构和化学成分等方面的信息。

使用过程中应注意以下事项：①对于金属和生物样品必须通过离子减薄和超薄切片机进行制样处理；②样品必须进行干燥处理，磁性样品不能放进样品仓；③空气压缩机要定期放水；④高压箱内的 SF_6 气体的压力要保持在 0.012MPa 左右。

8.3　化工行业常见操作及注意事项

8.3.1　化工安全的概念

国际上最早的过程安全管理（process safety management，PSM）标准是美国职业安全与健康管理局（OSHA）于 1992 颁布的，PSM 标准是一套得到国内外广泛认可的、行之有效的预防重大化学品事故（包括有毒有害化学品泄漏、火灾和爆炸等）的方法。通常的职业安全管理体系关注的是行为安全和作业安全，过程安全管理则关注从过程设计开始的化工过程自身的安全。通过对化工过程整个生命周期中各个环节的管理，从根本上减少或消除事故隐患，从而降低发生重大事故的风险。

8.3.1.1　安全生产

安全生产是指在劳动生产过程中，通过努力改善劳动条件，克服不安全因素，防止事故的发生，使企业生产在保证劳动者安全健康和国家财产及人民生命财产安全的前提下顺利进行。安全生产包括两个方面：

① 人身安全（包括劳动者本人及相关人员）；

② 设备安全、安全生产工作：为搞好安全生产而开展的一系列活动。

8.3.1.2　安全技术

为了预防事故或消除事故根源，对生产过程中可能存在的有害于工人人身安全健康或有损于机器设备的燃烧、爆炸、触电、绞碾、高空坠落、尘毒污染等危险因素，从设计、工艺、生产组织、操作等方面所采取的各种技术措施。

8.3.1.3　安全生产责任制

安全生产责任制是根据安全生产法律法规和企业生产实际，将各级领导、职能部门、工程技术人员、岗位操作人员在安全生产方面应该做的事及应负的责任加以明确规定的一种制度。

（1）方针与原则

安全生产方针：安全第一，预防为主，综合治理。消防方针：预防为主，防消结合。

安全生产管理的基本原则：管生产必须管安全。

（2）员工安全生产的主要职责

遵守有关设备维修保养制度的规定；自觉遵守安全生产规章制度和劳动纪律；爱

护和正确使用机器设备、工具，正确佩戴防护用品；关心安全生产情况，向有关领导或部门提出合理化建议；发现事故隐患和不安全因素要及时向组织或有关部门汇报；发生工伤事故，要及时抢救伤员，保护现场，报告领导，并协助调查工作；努力学习和掌握安全知识和技能，熟练掌握本工种操作程序和安全操作规程；积极参加各种安全活动，牢固树立“安全第一”思想和自我保护意识；有权拒绝违章指挥和强令冒险作业，对个人安全生产负责。

8.3.1.4 安全防护

（1）安全用电主要应对措施

非电工严禁动电；各种电器使用前应检查是否漏电、接地是否良好；所有用电器具必须经过漏电保护器，而且漏电保护器必须灵敏可靠；应使用优质的电缆线，严禁使用胶质线；禁止用扎丝等导电材料捆绑电缆电线；所有用电开关应标明用途和责任人；学会触电急救知识。

（2）车辆伤害主要应对措施

遵守交通规则，车辆安全设施处于良好状态，灯光齐全；多人行走时应成纵队而不应排成一排；通勤车辆不得人货混装、不得超员、不得超速行驶。

（3）物体打击主要应对措施

严禁上下同时作业，除非有可靠的防护措施；进入工作面必须戴安全帽并系好帽带；脚手架上的杂物应及时清理，所有工器具必须袋装吊运，严禁抛扔，除非有可靠的安全防护措施。

（4）高处作业坠落安全措施

凡在坠落高度基准 2m 以上有可能坠落的高处进行的作业，均称为高处作业。高处作业分为：一级，2～5m；二级，5～15m；三级，15～30m；四级，30m 以上。

主要应对措施：首先应做好安全防护设施，比如设置好安全围栏、铺满跳板、挂好安全网等。在上述设施不完善的情况下应系挂安全带，安全带的正确系法应是高挂低用。身体应满足要求，患有高血压、低血糖、癫痫等的人员严禁上高架作业。

（5）乘坐电梯安全防护措施

乘坐电梯要注意安全标志，首先要查看电梯内有没有质量技术监督部门核发的安全检验合格标识；电梯超载很危险；不能超载；不能随便按应急按钮；发生火灾时禁止乘坐电梯；请勿乘坐维修中的电梯；电梯运行中出现故障时，不要惊慌，应设法通知维修人员救援，不要乱动乱按；进出电梯需观察是否停稳，电梯停稳后，进出电梯时应注意观察电梯轿厢地板和楼层是否水平，如果不平，说明电梯存在故障，应及时通知检修，以保障安全。

（6）如何做好安全防护

① 要按规定穿戴防护用品。如穿软底鞋、戴安全帽、系安全带，安全带应高挂低用，不能穿皮鞋或塑料硬底鞋作业。

② 登高时禁止使用没有防滑或梯档缺损的梯子。梯顶端应放置牢固或有专人扶梯。

③ 登高时用的脚手架要符合规定。使用前要检查是否有断裂伤痕，是否坚固、结实、平衡。两梯要用绳索扎牢。各层都要放底板篱笆，上下脚架要有良好的扶手，确保安全。

④ 高处作业下方必须设安全网。凡无外架防护的施工，必须在 4～6m 处设一层固定的安全网，每隔 12m（四层楼）再设一道固定的安全网，并同时设一道随墙体逐层上升的安全网。

⑤ 在天棚和轻型屋面上操作或行走前，必须在上面搭设跳板或下方满搭安全网。

⑥ 冬季在寒冷地区从事高处作业时，要防止踏冰滑倒，不准在走道、脚手架上倒水。

⑦ 在高处作业遇有雷击或乌云密布将有大雷雨时，脚手架上的作业人员必须立即离开。

8.3.1.5　安全颜色

我国规定的安全色是用来表达禁止、警告、指令、提示等安全信息含义的颜色。它的作用是使人们能够迅速发现和分辨安全标识，提醒人们注意安全，预防发生事故。我国安全色标准规定红、黄、蓝、绿四种颜色为安全色。同时规定安全色必须保持在一定的颜色范围内，不能褪色、变色或被污染，以免同别的颜色混淆，产生误认。

（1）红色

红色很醒目，使人们在心理上产生兴奋性和刺激性，红色光光波较长，不易被尘雾所散射，在较远的地方也容易辨认，注目性高，视认性也很好，所以用来表示危险、禁止、停止，用于禁止标识。机器设备上的紧急停止手柄或按钮以及禁止触动的部位通常用红色。红色有时也表示防火。

（2）蓝色

蓝色的注目性和视认性都不太好，但与白色配合使用效果显著，特别是在太阳光下比较明显，所以被选为含指令标识的颜色，即必须遵守。

（3）黄色

黄色与黑色组成的条纹是视认性最高的色彩，特别能引起人们的注意，所以被选为警告色，含义是警告和注意。如厂内危险机器和警戒线、行车道中线、安全帽等。

（4）绿色

绿色的注目性和视认性虽然不太高，但绿色是新鲜、年轻、青春的象征，具有和平、永远、生长、安全等心理效用，所以绿色提示安全信息，含义是提示，表示安全状态或可以通行。车间内的安全通道，行人和车辆通行标识，消防设备和其他安全防护设备的位置标识都用绿色。

8.3.1.6　安全标识

安全标识是由安全色、几何图形和图形符号构成，分为禁止标识、警告标识、指令标识、提示标识四类，如图 8.6～图 8.9 所示。

禁止吸烟
禁止烟火
禁止带火种
禁止用水灭火
禁止放置易燃物
禁止堆放
禁止启动
禁止合闸
禁止转动
禁止叉车和厂内机动车辆通行
禁止乘人
禁止靠近
禁止入内
禁止推动
禁止停留
禁止通行
禁止跨越
禁止攀登
禁止跳下
禁止伸出窗外
禁止倚靠
禁止坐卧
禁止蹬踏
禁止触摸
禁止伸入
禁止饮用
禁止抛物
禁止戴手套
禁止穿化纤服装
禁止穿带钉鞋
禁止开启无线移动通信设备
禁止携带金属物或手表
禁止佩戴心脏起搏器者靠近
禁止植入金属材料者靠近
禁止游泳
禁止滑冰
禁止携带武器及仿真武器
禁止携带托运易燃及易爆物品
禁止携带托运有毒物品及有害液体
禁止携带托运放射性及磁性物品

图 8.6 常见禁止标识

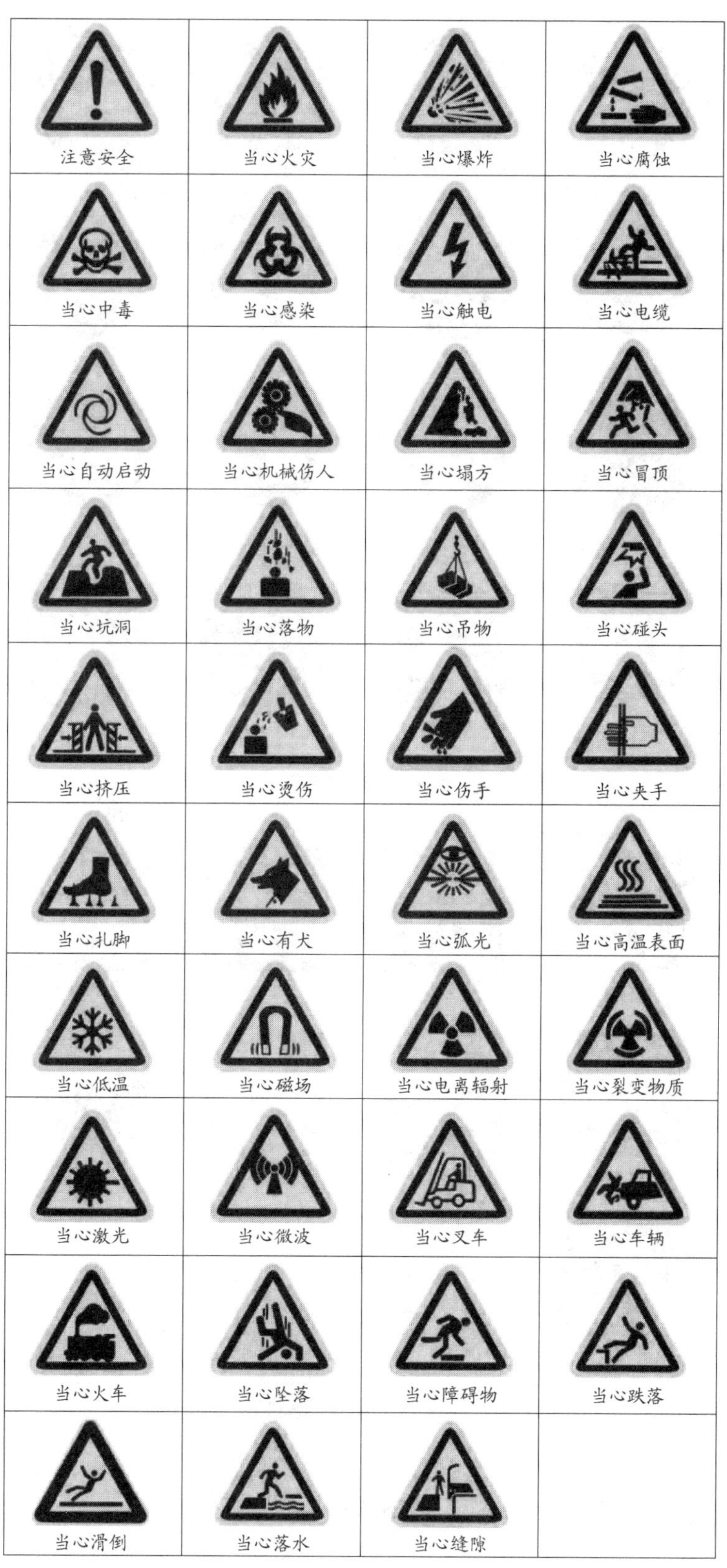

注意安全
当心火灾
当心爆炸
当心腐蚀
当心中毒
当心感染
当心触电
当心电缆
当心自动启动
当心机械伤人
当心塌方
当心冒顶
当心坑洞
当心落物
当心吊物
当心碰头
当心挤压
当心烫伤
当心伤手
当心夹手
当心扎脚
当心有犬
当心弧光
当心高温表面
当心低温
当心磁场
当心电离辐射
当心裂变物质
当心激光
当心微波
当心叉车
当心车辆
当心火车
当心坠落
当心障碍物
当心跌落
当心滑倒
当心落水
当心缝隙

图 8.7　常见警告标识

图 8.8 常见指令标识

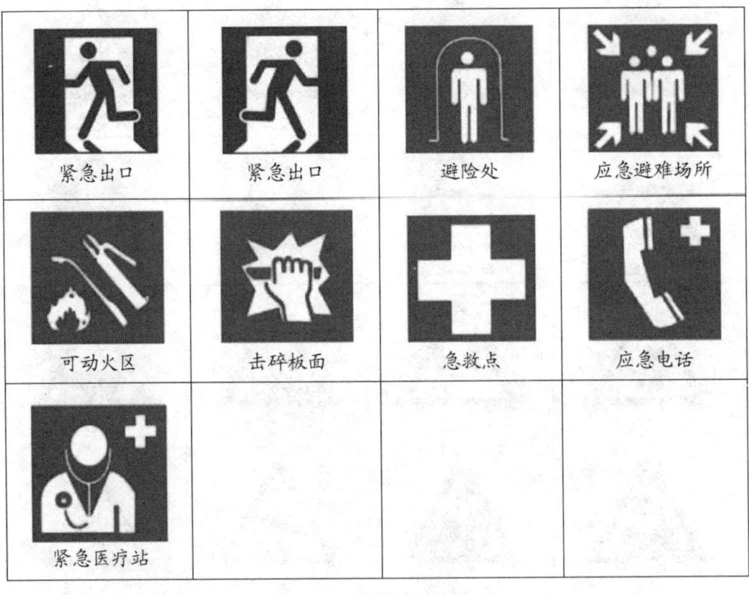

图 8.9 常见提示标识

8.3.2 化工合成过程中的工艺安全

化学合成生产工艺复杂，包括回流、蒸馏、冷冻、酸化、碱化、压滤等工艺过程，常有高温、高压、负压，并大量使用易燃易爆危险化学物品。许多化学单元反应有燃烧爆炸危险，反应中产生的中间体或副产品也大多易燃易爆，有些反应还使用活性镍、钯炭等极易自燃的物质作为催化剂。所以化学合成生产过程中的危险性较大。

8.3.2.1　备料

在生产现场，易燃易爆、剧毒、腐蚀、强氧化剂、遇水燃烧等危险化学物品的存量原则上不得超过一天用量。性质相抵触的原料应定点分开存放，彼此不得混淆。根据原料的理化性质制订配料安全操作法。配料时应保证做到品名、规格、数量准确，并应做好复核，做好记录，以免配比失误，引起反应异常而发生火灾等危险。

8.3.2.2　投料

一般有三种投料方式，各有不同的防火要求，但都应正确掌握投料的先后顺序。

（1）压入投料

气体原料的投料大多采用压入法。压料时必须控制压力。由气体钢瓶供气时，应该通过减压阀减压后经缓冲罐向反应器输入气体，其压力与容器内的气体压力差值不得超过 $1.5kgf/cm^2$（$1kgf/cm^2=98066.5Pa$），以防止气体流速过快，在出口处形成强烈喷射而产生静电。在压入易燃气体前，应先用氮气等惰性气体驱净反应器及管道内的空气。反应器、压料管、放置气体钢瓶的平台或磅秤应该接地。液体原料的投料可采用高位槽，让液体利用自重流入反应器。此法压力不大，流速不快，比较安全。但是当反应器内部有压力时，必须加压投料，如易燃液体，应用惰性气体送压，不得采用压缩空气，以防形成爆炸性混合物。压送管路上应装逆止阀，以防物料倒灌。输送过程中要注意流速，防止产生静电。如果用泵输送，宜采用易燃液体的专用泵，如磁力泵、Y 型液态烃泵、蒸汽往复泵等。如果用普通的离心泵和齿轮泵，则必须用有色金属制造叶轮，以防叶轮与铁壳相碰而产生火花。陶瓷泵或玻璃泵因导电不良，易产生静电，不得用于输送易燃液体。加压投料装置的出口最好呈喇叭形，这样可降低出口处的流速，防止物料迅猛喷射，产生静电，并应有良好的接地。

（2）负压抽料

粉末或小颗粒物料投料不宜采用压缩空气压送，以免粉尘飞扬。若采用负压抽料，相对来说比较安全。抽料时，设备接真空系统，反应器到真空管路入口处应有过滤网或水洗器，以防止粉尘抽入真空管道内。吸料管道如为绝缘体，则内外壁均应有螺旋状铜衬绕，铜丝网和反应器均应接地。使用导电体管道，可省去铜丝网，但仍需接地。如果反应器内有低沸点的易燃液体存在，则不宜采用负压抽料法。液体原料一般可以用负压抽料法投料，整个抽吸系统都应接地。抽料时应将进料管伸入反应器底部靠壁，管径要大，流速要慢，初速最好控制在 1m/s 以内，因开始输送时，易燃液体前方存在易燃液体蒸气和空气的混合物，遇静电火花会发生爆炸。严禁在液面上喷射液料，以免产生静电。易燃液体用抽吸法投料时，液体温度至少应比沸点低 30℃。液温高时应先降温再抽料，以防液体大量汽化损失，造成配比不准、反应异常而产生火灾危险。

（3）人工投料

易燃、有毒的液体原料不宜采用人工倾倒法投料。固体物料除用吸入法投料外，大多采用人工投料。投料顺序应符合防爆要求，原则上是低温投料，投料全部结束后再加热。如果原料配比中有水，在不影响反应的前提下，应该先投水，后投固体，最后加入易燃液体。如果无水，则应先投固体物料，后加液体物料，以免投料时有易燃液体蒸气逸出。在向有易燃液体的反应器内投入固体物料时，如果固体物料盛放在合成纤维或塑料薄膜制成的袋内，则不能向反应器直接投料，以防摩擦产生静电火花而发生危险。应先将物料倒入木桶内，再从木桶中倒入反应器，釜口残粉严禁用尼龙布等高电阻、低吸水率的合成纤维抹布揩擦，以防产生静电火花。

8.3.2.3 化工单元操作

化学合成的反应种类较多，包括氧化、氯化、硝化、重氮化、加成、水解、酸化、碱化等。但是就单元操作而论，不外乎加热、加压、回流、蒸馏、冷却、负压、搅拌等，现将其防火要求分述如下。

（1）加热

温度是化工生产中主要的工艺参数之一。加热是控制温度的重要手段，其操作的关键是按规定严格控制温度的范围和升温速度。温度过高会使化学反应速率加快，若是放热反应，则放热量增加，一旦散热不及时，温度失控，发生冲料，甚至会引起燃烧和爆炸。升温速度过快不仅难以控制反应温度，而且还会损坏设备。例如，升温过快会使带有衬里的各种加热炉、反应炉等设备损坏。化工生产中的加热方式有直接火加热（包括烟道气加热）、蒸汽或热水加热、载体加热及电加热。加热温度在100℃以下的，常用热水或蒸汽加热；100～140℃用蒸汽加热；超过140℃则用加热炉直接加热或用热载体加热；超过250℃时，一般用电加热。用高压蒸汽加热时，设备耐压要求高，需严防泄漏或与物料混合，避免造成事故。使用热载体加热时，要防止热载体循环系统堵塞，热油喷出，酿成事故。使用电加热时，电气设备要符合防爆要求。直接火加热危险性最大，温度不易控制，可能造成局部过热烧坏设备，引起易燃物质的分解爆炸。当加热温度接近或超过物料的自燃点时，应采用惰性气体保护。若加热温度接近物料分解温度，此生产工艺称为危险工艺，必须设法改进工艺条件，如采用负压或加压操作。

（2）冷却

在化工生产中，反应物料冷却至大气温度以上时，可以用空气或循环水作冷却介质；冷却温度在15℃以上，可以用地下水或冷水；冷却温度在0～15℃之间，可以用冷冻盐水。还可以借助某些沸点较低的介质的蒸发从需冷却的物料中取得热量来实现冷却。常用的介质有液氨等，此时物料被冷却的温度可达-15℃左右。更低温度的冷却，属于冷冻的范围。如石油气、裂解气的分离采用深度冷冻，介质需冷却至-100℃

以下。冷却操作时冷却不能中断，否则会造成积热，系统温度、压力骤增，引起爆炸。开车时，应先冷却；停车时，应先停加物料，后停冷却系统。有些凝固点较高的物料，遇冷易变得黏稠或凝固，在冷却时要注意控制温度，防止物料卡住搅拌器或堵塞设备及管道。

（3）加压和负压

凡操作压力超过大气压的都属于加压操作。加压操作所使用的设备要符合压力窗口的要求。加压系统不得泄漏，否则在加压下物料会高速喷出，产生静电而引起火灾爆炸事故。所用的各种仪表及安全设施（如爆破泄压片、紧急排放管等）必须齐全完好。负压操作即低于大气压的操作。负压系统的设备，必须符合强度要求，以防在负压下把设备抽瘪。负压系统必须有良好的密封，否则一旦空气进入设备内部，会与设备内有机物料形成爆炸性混合物，易引起爆炸。当需要恢复常压时，应待温度降低后，缓缓放进空气或充入氮气，建议充入氮气惰性气体，以防自燃或爆炸。

（4）冷冻

化工生产过程中，常会遇到气体的液化、低温分离以及物料的输送、储藏等，需将物料降到比 0℃更低的温度，这就需要进行冷冻。冷冻操作其实质是利用冷冻剂不断地从被冷冻物体吸收热量，并传给其他物质（水或空气），以使被冷冻物体温度降低。制冷剂自身通过压缩-冷却-蒸发（或节流、膨胀）循环过程，反复使用。工业上常用的制冷剂有液氨等。对于制冷系统的压缩机、冷凝器、蒸发器以及管路，应注意耐压等级和气密性，防止泄漏。此外还应注意低温部分的材质选择。

（5）物料输送

在化工生产过程中，经常需要将各种原料、中间体、产品以及副产品和废物从一个地方输送到另一个地方。由于所输送物料的形态不同（块状、粉状、液体、气体），所采用的输送方式也各异，但不论采取何种形式的输送，保证它们的安全运行都是十分重要的。固体块状和粉状物料的输送一般采用皮带输送机、螺旋输送器、刮板输送机、链子输送机、斗式提升机以及气流输送等多种方式。这类输送设备除了其本身会发生故障外，还会造成人身伤害。因此除要加强对机械设备的常规维护外，还应对齿轮、皮带、链条等部位采取防护措施。气流输送分为吸送式或压送式。气流输送系统除设备本身会产生故障之外，最大的问题是系统的堵塞和由静电引起的粉尘爆炸。粉料气流系统应保持良好的严密性，其管道材料应选择导电性材料并有良好的接地。如果采用绝缘材料管道，则管外应采取接地措施；不应超过该物料允许的流速。粉料不要堆积在管内，要及时清理管壁。输送可燃液体时，其管内流速不应超过安全速度。在化工厂生产中，也有用压缩空气为动力来输送一些酸碱等有腐蚀性液体的，这些设备也属于压力容器，要有足够的强度。在输送有爆炸性或燃烧性物料时，要采用氮气、二氧化碳等惰性气体代替空气，以防造成燃烧或爆炸。

（6）熔融

在化工生产中常常将某些固体物料（如氢氧化钠、氢氧化钾、萘、磺酸等）熔融之后进行化学反应。碱熔过程中的碱屑或碱液飞溅到皮肤上或眼睛里会造成灼伤。碱熔物和磺酸盐中若含有无机盐等杂质，应尽量除掉，否则这些无机盐因不熔融会造成局部过热、烧焦，致使熔融物喷出，容易造成烧伤。熔融过程一般在150～350℃下进行，为防止局部过热，必须不间断地搅拌。

（7）干燥

在化工生产中将固体和液体分离的操作方法是过滤，要进一步除去固体中液体的方法是干燥。干燥操作有常压和减压，也有连续与间断之分。用来干燥的介质有空气、烟道气等。此外还有升华干燥（冷冻干燥）、高频干燥和红外干燥。干燥过程要严格控制温度，防止局部过热造成物料分解爆炸。在干燥过程中散发出来的易燃易爆气体或粉尘，不应与明火和高温表面接触，防止浓度过高而发生燃爆。在气流干燥中应有防静电措施，在滚筒干燥中应适当调整刮刀与筒壁的间隙，防止产生火花。

（8）蒸发与蒸馏

蒸发是借加热作用使溶液中所含溶剂不断汽化，以提高溶液中溶质的浓度，或使溶质析出的物理过程。蒸发按其操作压力不同可分为常压蒸发、加压蒸发和减压蒸发。按蒸发所需热量的利用次数不同可分为单效蒸发和多效蒸发。凡蒸发的溶液皆具有一定的特性。如溶质在浓缩过程中可能有结晶、沉淀和污垢生成，这些都能导致传热效率的降低，并产生局部过热，促使物料分解、燃烧和爆炸。因此要控制蒸发温度。为防止热敏性物质的分解，可采用真空蒸发的方法，降低蒸发温度，或采用高效蒸发器，增加蒸发面积，减少停留时间。对具有腐蚀性的溶液，要合理选择蒸发器的材质。蒸馏是借助液体混合物各组分挥发度的不同，使其分离为纯组分的操作。蒸馏操作可分为间歇蒸馏和连续蒸馏。按压力不同分为常压蒸馏、减压蒸馏和加压（高压）蒸馏。此外还有特殊蒸馏，如水蒸气蒸馏、萃取蒸馏、恒沸蒸馏和分子蒸馏。在安全技术上，对不同的物料应选择正确的蒸馏方法和设备。在处理难于挥发的物料时（常压下沸点在 150℃以上）应采用真空蒸馏，这样可以降低蒸馏温度，防止物料在高温下分解、变质或聚合。在处理中等挥发性物料（沸点为100℃左右）时，采用常压蒸馏。

对于沸点低于30℃的物料，则应采用加压蒸馏。水蒸气蒸馏通常用于在常压下沸点较高，或在沸点时容易分解的物质的蒸馏，也常用于高沸点物料与不挥发杂质的分离，但只限于所得到的产品完全不溶于水。萃取蒸馏与恒沸蒸馏主要用于分离难以用普通蒸馏方法分离的由沸点极接近或恒沸组成的混合物。分子蒸馏是相当于绝对真空下进行的真空蒸馏。在这种条件下，分子间的相互吸引力减小，物质的挥发度提高，液体混合物中难以分离的组分容易分开。由于分子蒸馏降低了蒸馏温度，所以可以防止或减少有机物的分解。

（9）回流

加热回流含有易燃液体的物料时，回流系统内充满了易燃液体的蒸气，危险性较大。关键是要严格控制加热温度和保证冷凝器冷却效果。其次，回流容器的充满系数应合适（反应器为70%左右，球形玻璃瓶为50%～60%），装载系数绝对不能超过90%，否则易冲料。

（10）酸化或碱化

用酸、碱调节酸碱度，一般不增加燃烧危险性。但是有的物质遇酸会发生反应，而出现火灾危险。例如硼氢化钾或硼氢化钠在碱性条件下很稳定，但在酸性条件下会迅速分解，放出大量氢气，同时产生高热，燃烧爆炸的危险性极大。又如无水重氮化合物遇酸有爆炸危险，所以酸化时要小心，加酸或加碱不可搞错。硝酸、硫酸的危险性比盐酸大，因此除工艺上有特殊要求外，一般宜采用盐酸调节酸碱度。如果工艺要求用硫酸酸化，则应先稀释硫酸，因为浓硫酸的氧化性强，遇水会放出热量，很不安全。碱化的危险性比酸化小，只要控制加碱速度，注意温度变化，一般比较安全。

（11）搅拌

搅拌速度快，物料与器壁、物料与搅拌器之间的相对运动速度也快。如果器壁或搅拌器是绝缘体（如搪玻璃），或虽是非绝缘体但接地不良，则不可忽视产生静电的危险。一般容积大于 300L，搅拌速度在 60r/min 以上，物料与搅拌器和器壁的相对运动速度可超过 1m/s，如果物料的电阻率在 $10^{12}\Omega \cdot cm$ 左右（例如苯的电阻率为 $4.2\times10^{12}\Omega \cdot cm$），则静电容易积聚和放电，当反应器内存在易燃液体和空气的爆炸性混合物时，火灾危险性特别大。

为了防止这种危险，首先应该了解物料的性质和电阻率，如果物料易燃易爆，应该控制搅拌转速。反应器直径越大，搅拌速度应该越小。1000L 以下的反应器，搅拌速度应控制在 60r/min 以内；1000L 以上，搅拌速度还应减慢，否则应灌充惰性气体或改变工艺条件。例如，加入电解质水溶液等将物料电阻率降低到约 $10^{10}\Omega \cdot cm$ 以下。

其次，应避免搅拌轴的填料盒漏油，因为填料盒中的油漏入反应器会发生危险。例如硝化反应时，反应器内有浓硝酸，如有润滑油漏入，则油在浓硝酸的作用下氧化发热，使反应物料温度升高，发生冲料或燃烧爆炸，不能掉以轻心。对危险易燃物料不得中途停止搅拌，因为搅拌停止时，物料得不到充分混匀，反应不良，且大量积聚，当搅拌恢复时，大量未反应的物料迅速混合，反应激烈，往往造成冲料，有燃烧爆炸危险。因此因故障而导致搅拌停止时，应立即停止加料，迅速冷却；恢复搅拌时，必须待温度平稳，反应正常后方可继续加料，恢复正常操作。搅拌器应定期维修，严防因腐蚀等原因而断落，造成物料混合不匀，影响反应进程，可能导致突然反应而发生猛烈冲料，甚至爆炸起火。搅拌器应灵活，以防止轧死，并应有足够的机械强度，以防止因变形而与反应器器壁摩擦造成事故。

（12）催化

为了增大或减小化学反应速率，往往使用催化剂。有些催化剂极易自燃起火，必须认真对待。现以广泛用于氢化反应而自燃危险性极大的雷尼镍为例进行说明。雷尼镍是用铝镍合金制备的。把铝镍合金加至 30%液碱中回流，使合金中的铝变成偏铝酸钠除去，即得多孔性镍，俗称雷尼镍。它能加速与其接触的有机物的氢化过程。雷尼镍暴露在空气中遇可燃物即自燃，十分危险，应把反应器内的氢气置换后再放料，所以应该用水洗去碱后浸没在水中，或者再用乙醇洗去水分，浸没在乙醇中密封贮存。水或乙醇应高出镍 10cm 以上。洗镍后的水应经锥底沉降并捕集少量流出镍，以防流入下水道发生危险。使用雷尼镍时，反应釜内应先通氮气驱净空气，然后在连续通氮气的条件下把活性镍与乙醇或液体物料混合成混悬液加入反应釜，否则有燃烧爆炸危险。投料完毕后继续通氮数分钟，检测含氧量达到安全数值的 5%以下，再通氢气进行反应。反应过程中严防空气进入反应釜。反应结束时应先停止通氢，等压力降至表压 $1kgf/cm^2$ 后，再通氮气排氢，在持续通氮下出料。放出时应备好二氧化碳灭火器，随时准备灭火。放出的镍应浸没在水中。管道和反应器内如有活性镍残留，应用氮气保护。使用活性镍作催化剂的氢化反应室，应布置在厂区边缘，其附近 30m 范围内应无居民住宅和明火。厂房必须是一、二级耐火等级的建筑，操作控制室与反应釜之间应用防爆墙隔开，电气设备必须防爆。有的催化剂本身虽无危险（如二氧化锰），但是加入催化剂后往往会大大加快反应速率，引起温度猛升、冲料等异常情况，从而产生火灾危险。所以凡是反应中使用催化剂的都要认真对待。

（13）溶解

溶解过程中往往加入溶剂稀释物料。使用的溶剂如果是易燃液体，则加热溶解时温度不可太高，升温上限至少应比物料组分中沸点最低者低 10℃，以减少溶剂挥发。溶解过程应在密闭容器中进行。易燃溶剂不得直接用火加热。乙醚、二丁醚、异丙醇等溶剂久置空气中或反复套用后往往容易产生易燃易爆的过氧化物，增加火灾危险性。所以，投料前应先测定是否存在过氧化物，有过氧化物的溶剂不准投料。通常的测定方法为：取样品 10mL，加入 1mL10%碘化钾溶液，振摇，如果溶剂呈黄色，即表示存在过氧化物。

一般来说，乙醇等溶剂中的过氧化物沸点都较高，在回收时，过氧化物要到后期才蒸馏出来。所以，在蒸馏溶剂过程中检验过氧化物时，应在溶液还剩下 20%左右时进行，暂停蒸馏，取样分析。如果检出过氧化物，则应加入硫酸亚铁酸性溶液或液碱搅拌 30min，以除去过氧化物，然后再继续回收；否则溶剂不断蒸出，过氧化物会逐渐浓缩，就会有爆炸危险。乙醚形成的过氧化物除过氧化乙醚外，还能生成亚乙基过氧化物。亚乙基过氧化物极不稳定，易猛烈爆炸，其沸点比乙醚高，当溶液蒸馏到原体积的 1/10 时，亚乙基过氧化物已经浓缩，爆炸危险性极大。因此回收乙醚到溶液为原体积的 20%，就应暂停蒸馏，取样测定，清除过氧化物后再继续蒸馏。

8.3.2.4 出料

出料分为常压出料、抽吸出料、机械传送出料、加压出料等四种。如果物料易燃，则不宜采用加压出料法，以免料液喷射产生静电火花而引起燃烧起火。加压放料时应严格规定控制压力，对黏性小的液体压力不宜超过 $1kgf/cm^2$，接收器不应敞口，以防物料喷射飞溅，必要时应用惰性气体保护。易爆物质（如苦味酸）不宜采用机械螺旋传送法出料，以防物料受挤压、摩擦而发生爆炸，应使之混悬或溶解在液体内再出料。

易燃物应先降温后出料，放料口阻塞时，不得用铁棒或塑料猛捅，以免因撞击产生火花或产生静电而引起爆炸，只可用木棒轻轻疏通。

8.3.2.5 分离

料液分离常用过滤和萃取等方法，把所需的中间体或成品从物料中分离出来。过滤主要用于固液相分离，常用的有离心分离、压滤和抽滤三种。

离心分离最常用的是离心机过滤。离心过滤时往往气体大量挥发，很不安全，因此应采取以下措施：离心机出液管道应直接接入接收器，不得泄漏。接收器放空管接入废气处理系统。离心机应采用内循环，并应加盖，盖旁最好装有槽边吸风口，以及时排除从盖缝中逸出的少量气体。离心机必须接地。

防爆车间的电机应采用防爆型，非防爆车间采用全封闭型铜线电动机。电动机皮带应采用整根的三角皮带，不得采用有金属接扣的万能皮带，以免接扣与皮带轮摩擦产生火花。蝶式高速离心机有密闭外壳，在气体散发方面，比三足式离心机容易控制。

压滤应采用密闭式压滤机。含易燃液体的物料应用惰性气体压滤，不得用压缩空气压滤，否则将会形成爆炸性混合物，一旦压滤中产生静电，即会发生爆炸。压滤结束时应先冷却，然后再打开压滤机取出滤饼，以减少溶剂蒸气的散发。压滤机应接地，其上方应有机械排风装置。

负压抽滤本身比压滤安全，但是在负压下溶剂大量挥发，通过真空泵排出，仍然存在不安全因素。尤其是溶剂蒸气大量进入真空泵，会破坏活塞与气缸间润滑油的润滑作用，产生高热，而且润滑油和溶剂的蒸气遇高温还易炭化结焦，进一步增加摩擦力，使气缸进一步升温，如此恶性循环，易燃液体蒸气就有发生燃烧的危险。所以真空泵前应有缓冲器和安全瓶，缓冲器内一般是盛水，可凝聚部分通过水层的蒸气。以减少进入真空泵的溶剂蒸气量。如果使用水冲泵代替一般真空泵，则比较安全。抽滤系统不得漏气，以防空气进入抽滤系统形成爆炸性混合物。

萃取分为水萃取和溶剂萃取两类。前者比较安全，后者有燃烧危险，危险程度主要取决于溶剂的性质。萃取一般不用加热加压，但当使用易燃溶剂时，仍应防止渗漏或外溢，并严禁明火。

8.3.2.6 干燥

干燥工序的防火主要是选择合适的干燥设备和控制温度。各种干燥方法的防火要求如下。

① 蒸汽烘箱干燥。用蒸汽烘箱干燥相对来说比较安全。干燥时如果物料含有易燃液体，则应先开一点蒸汽，使蒸汽压力维持在 0.1～0.2kgf/cm^2 即可，勿使温度过高。调节热风循环系统，应当使蒸汽一次排出，避免再循环，以防止烘箱内易燃液体蒸气浓度达到爆炸极限而发生危险。待物料中的溶剂基本蒸发逸出后，再开大蒸汽，逐渐升到允许的温度，防止温度过高引起物料自燃。用蒸汽烘箱干燥含有易燃液体的物料，

烘房应符合防爆要求。烘房周围不得有明火，不得用铁制烘盘、烘箱，烘房铁门应包铝皮，以防相碰产生火花；热风循环系统的风机应用有色金属制造叶轮，大型烘箱烘房的溶剂蒸气排出口应距明火 30 米以上，电气设备应防爆。

② 真空烘箱干燥。用真空烘箱烘物料比较安全。使用真空烘箱时必须注意操作方法，应先开真空泵，等负压稳定后再加热。结束时应先停止加热，待物料降温后再关真空泵，然后缓缓放进空气。含有易燃液体的物料，干燥时应使用蒸汽真空烘箱，勿使用电热真空烘箱。

③ 电热烘箱干燥。采用明火干燥的电热烘箱，无法绝对隔离，因此电热烘箱不得用于干燥含有易燃液体的物品和易爆物品。

④ 煤气烘箱干燥。煤气烘箱不得用于干燥含有易燃液体的物料。使用时应先点燃点火棒，后开煤气阀，迅速点火，以免煤气大量积聚而发生爆炸。

⑤ 红外线干燥。红外线干燥时红外线灯不防爆，一般不得用于干燥含易燃液体的物料，如必须使用，则红外线灯应与易燃液体蒸气隔离。

⑥ 气流干燥器干燥。气流干燥的防火关键是防止物料在死角积聚过热。淀粉、中间体等可燃物料一旦在气流干燥器内积聚，即使气流温度正常，也会引起物料炭化甚至爆炸。因此气流干燥器应定期清洗，除净内部积聚物。并且应防止产生静电，设备必须接地良好，物料流速应加以控制。易爆、易分解的物料（如某些硝基化合物等）不得采用气流干燥法。

⑦ 喷雾干燥塔干燥。喷雾干燥法一般不宜用于干燥含易燃液体的溶液。必须采用时应控制易燃液体在喷雾塔内汽化后，气体浓度不得大于该易燃液体蒸气爆炸下限的10%，例如乙醇的爆炸下限为3.28%，则喷雾塔内乙醇蒸气浓度不得大于0.33%。喷雾干燥塔与粉尘接收系统必须接地良好，以导除静电。

8.3.2.7 中间体或成品的存放

对中间体或成品应根据其理化特性和火灾危险性质合理进行包装、贮藏。化学性质不太稳定、容易自燃的中间体应密闭贮藏在金属容器内，不得接近明火。易燃品与强氧化剂不宜受热和受强光照射，氧化剂不得与易燃品混放。遇热易分解的中间体、成品应冷冻贮藏。

8.4 反应釜、蒸馏釜使用注意事项及案例

反应釜和蒸馏釜（包括精馏釜）是化学工业中最常用的设备之一，也是危险性较大、容易发生泄漏和火灾爆炸事故的设备。反应釜指带有搅拌装置的间歇式反应器，根据工艺要求的压力不同，可以在敞口、密闭常压、加压或负压等条件下进行化学反应。蒸馏釜是用来分离均相液态混合物的装置。

近年来，反应釜、蒸馏釜的泄漏、火灾、爆炸事故屡屡发生。由于釜内常常装有有毒有害的危险化学品，事故后果较一般爆炸事故更为严重。本节对导致反应釜、蒸馏釜事故发生的危险因素进行全面分析，列举相关事故案例，并提出相应的安全对策措施。

8.4.1 反应釜、蒸馏釜的固有危险性

（1）物料

反应釜、蒸馏釜中的物料大多属于危险化学品。如果物料属于自燃点和闪点较低的物质，一旦泄漏后，会与空气形成爆炸性混合物，遇到点火源（明火、火花、静电等），可能引起火灾爆炸；如果物料属于毒害品，一旦泄漏，可能造成人员中毒窒息。

（2）设备装置

反应釜、蒸馏釜设计不合理、设备结构形状不连续、焊缝布置不当等，可能引起应力集中；材质选择不当，制造容器时焊接质量达不到要求，以及热处理不当等，可能使材料韧性降低；容器壳体受到腐蚀性介质的侵蚀，强度降低或安全附件缺失等，均有可能使容器在使用过程中发生爆炸。

2007 年 12 月 1 日，河北省保定市某建材有限公司粉煤灰加气混凝土砌块生产车间压力容器（蒸氧釜）发生爆炸，造成 5 人死亡、1 人轻伤。据调查，该企业管理人员擅自改变工艺参数，将蒸氧釜的釜体与釜盖连接螺栓的总数从 60 个减至不足 30 个，且更换不及时，对蒸氧釜的安全阀未及时进行校验，长期超压、超温运行，导致事故发生。

2000 年 9 月 4 日，湖南省益阳市某生化试剂厂一台夹套式搪玻璃反应釜在运行过程中，釜盖突然冲脱，大量丙酮介质喷出，与空气混合形成爆炸性气体，发生大爆炸，造成 2 人死亡、6 人受伤。事故主要原因是反应釜密封面垫圈老化，运行过程中发生泄漏，工人带压紧固，致使釜盖脱出，引起爆炸。这台反应釜为旧压力容器，使用前未经检验，且违法安装，操作人员也未经培训。

8.4.2 操作过程危险性

反应釜、蒸馏釜在生产操作过程中主要存在以下风险。

（1）反应失控引起火灾爆炸

许多化学反应，如氧化、氯化、硝化、聚合等均为强放热反应，若反应失控或突遇停电、停水，造成反应热蓄积，反应釜内温度急剧升高、压力增大，超过其耐压能力，会导致容器破裂。物料从破裂处喷出，可能引起火灾爆炸事故；反应釜爆裂导致物料蒸气压的平衡状态被破坏，不稳定的过热液体会引起二次爆炸（蒸气爆炸）；喷出的物料再迅速扩散，反应釜周围空间被可燃液体的雾滴或蒸气笼罩，遇点火源还会发生三次爆炸（混合气体爆炸）。

导致反应失控的主要原因有：反应热未能及时移出，反应物料没有均匀分散和操作失误等。

2007年3月16日，江苏省东台市某化工企业在利用原生产装置非法试制新产品乙氧基亚甲基丙二腈过程中，蒸馏塔突然爆炸，造成4人死亡、1人受伤。导致这起事故的直接原因是：乙氧基亚甲基丙二腈粗产品过度蒸馏，导致高沸物堵塞填料层，蒸馏釜内压力增大，发生物理爆炸，将填料塔下面的塔节炸飞，继而引起物料燃烧和化学爆炸。

（2）反应容器中高压物料窜入低压系统引起爆炸

与反应容器相连的常压或低压设备，由于高压物料窜入，超过反应容器承压极限，从而发生物理性容器爆炸。

（3）水蒸气或水漏入反应容器发生事故

如果加热用的水蒸气、导热油，或冷却用的水漏入反应釜、蒸馏釜，可能与釜内的物料发生反应，分解放热，造成温度压力急剧上升，物料冲出，发生火灾事故。

（4）蒸馏冷凝系统缺少冷却水发生爆炸

物料在蒸馏过程中，如果塔顶冷凝器冷却水中断，而釜内的物料仍在继续蒸馏循环，会造成系统由原来的常压或负压状态变成正压，超过设备的承受能力发生爆炸。

2006年7月28日，江苏省盐城某化工厂的爆炸事故，就是由于在氯化反应塔冷凝器无冷却水、塔顶没有产品流出的情况下，没有立即停车，错误地继续加热升温，使2,4-二硝基氟苯长时间处于高温状态，最终导致其分解爆炸。

（5）容器受热引起爆炸事故

反应容器由于外部可燃物起火，或受到高温热源热辐射，引起容器内温度急剧上升，压力增大发生冲料或爆炸事故。

（6）物料进出容器操作不当引发事故

很多低闪点的甲类易燃液体通过液泵或抽真空的办法从管道进入反应釜、蒸馏釜，这些物料大多数属绝缘物质，导电性较差，如果物料流速过快，会造成积聚的静电不能及时导除，发生燃烧爆炸事故。

2002年4月22日，山西省原平市某化工企业发生一起反应釜爆炸事故，造成1人死亡、1人重伤。爆炸冲击波将约200m^{2}车间预制板屋顶几乎全部掀开，所有南墙窗户玻璃破碎，碎渣最远飞出约50m，反应釜上封头40个M20螺栓全部拉断或拉脱。事故原因是反应釜内的二硫化碳、异丙醇、氧气的混合物在0.2MPa的表压下压放卸料，当物料从法兰处泄漏时，内外存在压差，泄漏料以一定速度流出，在此过程中形成静电。当釜内液态物料基本泄尽时，法兰边缘的静电积聚到一定能量并形成放电间隙产生静电火花，引燃二硫化碳、异丙醇、氧气的混合气体，迅速向反应釜内回燃发生化学爆炸。

（7）作业人员思想放松，没有及时发现事故苗头

反应釜一般在常压或敞口下进行反应，蒸馏釜一般在常压或负压下进行操作。有人认为，在常压、敞口或负压下操作危险性不大，往往在思想上麻痹松懈，不能及时发现和处置突发性事故的苗头，最终酿成事故。实际上常压或敞口的反应釜，其釜壁

承受的压力要大于釜内承压的反应釜，危险性也更大一些。

对于蒸馏釜，如果作业人员操作失误，反应失控造成管道阀门系统堵塞，正常情况下的常压、真空状态变成正压，若不能及时发现处置，本身又无紧急泄压装置，很容易发生火灾爆炸事故。

2007年11月27日江苏省盐城市某化工企业重氮化反应釜爆炸事故，就是因为重氮化反应釜蒸汽阀门未关死，在保温阶段仍有大量蒸汽进入反应釜夹套，导致反应釜内温度快速上升，重氮化盐剧烈分解，继而爆炸。当班操作工人对釜温的监控不到位，未能及时发现釜内温度异常，延误了处置异常情况的最佳时机。

8.4.3 安全措施

避免反应釜、蒸馏釜发生火灾爆炸事故，除了要加强安全教育培训和现场安全管理、加强设备的维修保养、防止形成爆炸性混合物、及时清理设备管路内的结垢、控制好进出料流速、使用防爆电气设备并良好接地外，还要严格按安全操作规程和岗位操作安全规程操作。蒸馏操作中要严格控制温度、压力、进料量、回流比等工艺参数，通蒸汽加热时阀门开启度要适宜，防止过大过猛使物料急剧蒸发，系统内压急剧升高。要时刻注意保持蒸馏系统的设备管道畅通，防止进出管道、阀门堵塞引起压力升高造成危险。要避免低沸物和水进入高温蒸馏系统，高温蒸馏系统开车前必须将釜、塔及附属设备内的冷凝水放尽，以防其突然接触高温物料发生瞬间汽化增压而导致喷料或爆炸。

反应釜、蒸馏釜应具有完备的温度、压力、流量等仪器仪表装置，减压蒸馏的真空泵应装有单向止逆阀，防止突然停车时空气进入系统。低压系统与高压系统连接处也应设单向止逆阀，以防高压容器的物料窜入低压系统发生爆炸。对有可能超压的反应釜、蒸馏釜，必须加装紧急泄压装置，一般在设备上安装安全阀，对于不宜安装安全阀或危险性较大工艺的设备可安装爆破片。

习题

1. 实验室常用的加热设备有哪些，分别有哪些隐患，如何预防？
2. 使用酒精灯进行实验操作，应注意哪些问题？
3. 油浴加热有哪些种类，如何选择合适的介质？
4. 大型设备在使用过程中，会用到气瓶，请结合相关章节，说明哪些仪器不能在一个房间存放。
5. 化工投料过程中应注意哪些细节？
6. 化学反应单元操作中加热会出现哪些隐患？
7. 为什么要控制搅拌速度？
8. 实验室常用干燥箱分为哪几种？如何使用？有哪些注意事项？

第九章

实验室常见事故的应急处理方法

9.1 概述

实验室人员由于其工作内容的特殊性，经常会接触到各类实验设备、玻璃仪器和化学试剂，实验室中常会发生意外事故，其中常见的事故主要包括各类机械性损伤、割伤、烧伤、冻伤、酸碱灼伤和化学品泄漏导致的中毒等。

使用离心机、搅拌器、真空泵等机械设备时，当设备在运行过程中出现故障或人员操作失误时，会导致锐器刺伤、切割伤、骨折、脱臼等机械性损伤。因此，在实验室中操作机械设备时，必须注意安全，若遇到机械损伤，需掌握止血包扎、固定转运等方法。

化学物质通常具有不同程度的毒性，人体功能会受到化学物质毒性的影响，化学物质进入体内后所造成的局部刺激以及整个机体功能障碍，都称为中毒。避免人体吸入带有毒性的化学品是从源头上防止中毒的有效方法，所以实验室人员应当熟知并掌握化学药品侵入人体的途径、影响毒性的因素、中毒危害及防治与应急措施的基本理论。

9.2 机械性损伤的应急处理

机械性损伤是指当机体受到机械性暴力作用后，器官组织结构被破坏或功能发生障碍，又称为创伤。根据损伤处皮肤或黏膜是否完整可分为闭合性损伤和开放性损伤。

实验室常发生的机械性损伤包括割伤、刺伤、挫伤、撕裂伤、撞伤、砸伤、扭伤等。对于轻伤，处理的关键是清创、止血、防感染。当伤势较重且出现呼吸骤停、窒息、大出血、开放性或张力性气胸、休克等危及生命的紧急情况时，应临时采取心肺复苏、控制出血、包扎伤口、骨折固定、转运等措施对伤员进行救治。

9.2.1　轻伤的应急处理

（1）开放性损伤的应急处理

对于较轻的开放性损伤，处理的关键是清创、防感染。具体方法如下：

① 伤口浅时，先小心取出伤口中的异物（若伤口深时，如发生较深的刺伤，先不要动异物，紧急止血后及时送医院处理）。

② 用冷开水或生理盐水冲洗伤口，擦干。

③ 用碘酊或酒精对周围皮肤消毒。

④ 伤口不大时，可直接贴创可贴。若没有创可贴，或伤口较大时，可使用消毒敷料紧敷伤处，直至停止出血。

⑤ 用绷带轻轻包扎伤处，或用胶布固定住伤处（伤口深时，应按照加压包扎法止血）。

注意：切勿用手指、用过的手帕或其他不洁物触及伤口，勿用口对着伤口呼气，以防伤口感染。伤口较深者，为防止感染，应急处理后应立即送到医院进行救治。

（2）闭合性损伤的应急处理

闭合性损伤的急救关键是止血。具体方法如下：

① 冷敷。用自来水淋洗伤处或将伤处浸入冷水中 5～10min。另一种方法是用冷水浸透毛巾放在伤处，每隔 2～3min 换一次毛巾，冷敷半小时。若在夏天，可用冰袋冷敷。

② 取适当厚度的海绵或棉花一块，放在伤处，后用绷带稍加压力进行包扎。

③ 应将伤处抬高，高于心脏水平，以减少伤处充血。

④ 若伤处停止出血，急性炎症逐渐消退，但仍有瘀血及肿胀（通常在受伤一两天后）现象时，为使伤者活血化瘀，宜采用热敷（热水袋敷、热毛巾敷或热水浸）、按摩或理疗等方法。

注意：在损伤初期（24～48h 内），应及早冷敷，以使伤处血管收缩，减轻局部充血与疼痛，且不宜立即热敷或按摩，以免加剧伤处小血管出血，导致伤势加重。

9.2.2　严重流血者的急救处理

大量失血，可使伤员在 3～5min 内死亡。因此对严重流血者的急救关键是：切勿延误时间，对伤处直接施压止血。

（1）急救操作步骤

① 搀扶伤者躺下，避免伤者因脑缺血而晕厥。同时，尽可能抬高其受伤部位，减少出血。

② 快速将伤口中明显的污垢和残片清除。

③ 用干净的布、卫生纸按压伤口，若没有这些材料时，可用手直接按压伤口。

④ 保持按压直到血止。一般要保持按压 20min，且期间不要松手去察看伤口是否已停止流血。

⑤ 在按压期间，可用胶布或绷带将伤口围扎起来，以起到对伤口施压的作用。

⑥ 如果按压伤口仍然无法起到止血的作用，则应握捏住向伤口部位输送血液的动脉，同时另一个手仍然保持按压伤口的动作。

⑦ 血止以后，不要再触碰伤者的受伤部位。此时不要拆除绷带，应尽快将伤者送医急救。

（2）注意事项

手的压力和扎绷带的松紧度以能取得止血效果，但又不会过于压迫伤处为宜，不要试图取出那些较大的或者嵌入伤口较深的物体。不要拆除绷带或者纱布，即使包扎以后血还不停地通过纱布渗透出来，也不要把纱布拿下去，应该用更多吸水性更强的布料缠裹住伤口。

9.2.3 骨折固定的应急处理

及时对骨折部位进行固定，可以起到止痛或减轻伤员痛苦的作用，防止伤员伤情加重和休克，保护伤口，防止感染，还便于运送伤员。

骨折固定的要领是：先止血，后包扎，再固定。固定用的夹板材料可就地取材，如木板、硬塑料、硬纸板、木棍、树枝条等；夹板长短应与肢体长短相称；骨折突出部位要加垫；先包扎骨折部位的上下两端，然后固定两关节；四肢需露指（趾）；胸前需挂标志。骨折固定好后应迅速送往医院。

9.2.4 头部机械性伤害的应急处理

头皮裂伤是由尖锐物体直接作用于头皮所致。实验室中可能发生的头部机械性伤害包括：头发卷入机床造成的头皮撕裂，高空坠物造成的头皮伤害等。

较小的头皮裂伤可剪去伤口周围的头发，再用碘酊或酒精对伤口及周围组织消毒，最后用无菌纱布或干净手帕包扎即可。由于头皮血液循环丰富，因此，较大的头皮裂伤出血比较多，处理原则是先止血、包扎，然后迅速送往医院。由于头皮供血方向是从周围向顶部，因此，用绷带围绕前额、枕后，作环形加压包扎即可止血。对局部出血伤口，可用干净的纱布、手帕等加压包扎，也可直接用手指压迫伤口两侧止血。

若发生头皮撕脱，要迅速包扎止血。头皮撕脱，疼痛剧烈，伤员高度紧张易休克，故必须安慰伤员，让其放松、坚持。对撕脱的头皮则需用无菌或干净的布巾包好，放入密封的塑料袋内，再放入盛有冰块的保温瓶内，同伤员一起迅速送往医院。

9.2.5　碎屑进入眼内的应急处理

若木屑、尘粒等异物进入眼内，可由他人翻开眼睑，用消毒棉签轻轻取出异物，或让眼睛流泪带出异物，再向眼中滴入几滴鱼肝油。

玻璃屑进入眼内的情况比较危险。这时要尽量让伤者保持冷静，绝不可让伤者用手揉擦眼睛，也不要试图取出伤者眼中的玻璃碎屑，提醒伤者尽量不要转动眼球，可任由眼睛流泪，有时玻璃屑会随泪水流出。用纱布轻轻包住眼睛后，立刻将伤者送去医院处理。

9.2.6　伤员搬运的应急处理

在医务人员到来之前，切勿任意搬动伤员。但若继续留在事故区会进一步遭受伤害时，则应将伤员转移。转移前，应尽量设法止住伤口流血，维持伤员的呼吸与心跳，并将一切可能有骨折的部位用夹板固定。搬运时，应根据伤情恰当处理，谨防因方法不当而加重伤势。

9.3　心脏复苏和简单包扎方法

9.3.1　心脏复苏方法

在实验室中若发生化学试剂泄漏等意外情况，可能会引起实验人员的药物中毒、过敏等，严重可能会引发心搏骤停，对于非医护人员而言，掌握正确的心脏复苏方法也是必要的。

心肺复苏术（cardiopulmonary resuscitation，CPR），是用来救治心搏骤停病人的一种技术措施，以此来维系人的血液循环和呼吸，从而挽救生命。心肺复苏的黄金时间是心搏骤停后 4 分钟之内，若心搏骤停超过 10 分钟才采取心肺复苏，复苏的可能性已不大。

（1）心肺复苏的具体操作步骤

① 识别心搏骤停并开启应急管理系统

a. 判断意识：当发现有人倒地时，救助者首先要观察现场环境。救助者跪在患者旁边，并轻拍其双臂（但禁止摇晃患者）并在其两侧耳边，大声呼喊“喂！你怎么了？”，观察其有无反应。如无反应，则诊断为意识丧失。

b. 翻转体位：将患者翻转至复苏体位，或仰卧于硬平面上，变换体位时应保持头、颈部、脊柱的整体方向一致移动，以保护脊柱，然后解开患者衣领和腰带，利用 5～

10 秒扫视鼻翼有无煽动、胸腹有无起伏来判断患者有无呼吸。

c．高声呼救：确定患者已无有效呼吸能力后，马上高声求救。救助者应在积极心肺复苏的同时，请求他人立即拨打急救电话。

② 胸外心脏按压。具体操作为：

a．救助者站立或跪在患者身体的一侧，尽量将其胸部暴露。

b．按压点定位为胸部中央，胸骨下 1/2 处。对于无乳房畸形的一般患者，定位方法也可为两乳头连线和胸正中的十字交叉点，如图 9.1 所示。

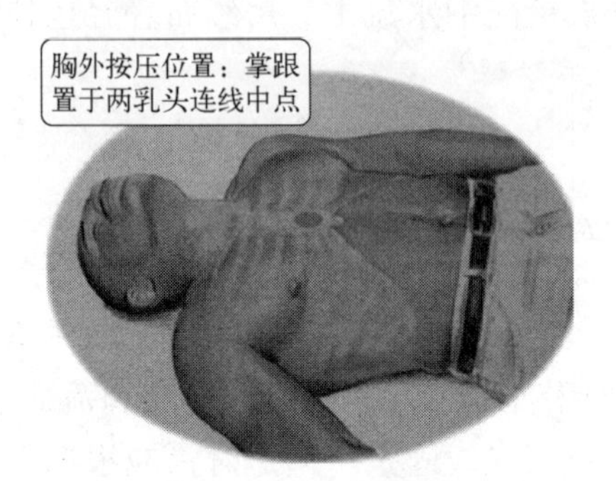

图 9.1 胸外心脏按压位置

c．按压技术手法（图 9.2）：将一个手根部贴近于按摩位置，另一个手叠加其上，双手则十指交错。救助者的上体前倾，手臂下垂，双手则以肘部伸展。以掌根为着力点，以臀关节为轴，利用上身的力量从垂直方向（脊柱方向）用力，迅速按压胸骨，按压速度为每分钟 100～120 次。按下时应使胸骨完全回弹，每次按下与松开的时间相等。按压深度至少 5cm，同时避免过深（大于 6cm）。胸外心脏按压的禁忌证主要有：胸廓严重外伤，或怀疑有肋条骨折；胸廓畸形；心脏压塞；肋条骨折。出现以上 4 种情况，应由专业救护人员进行处理。

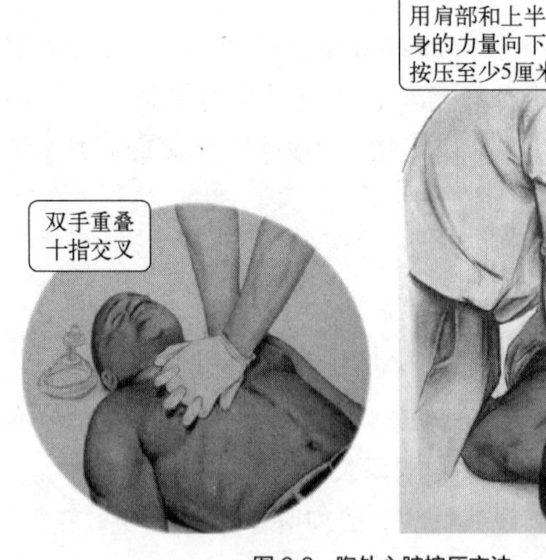

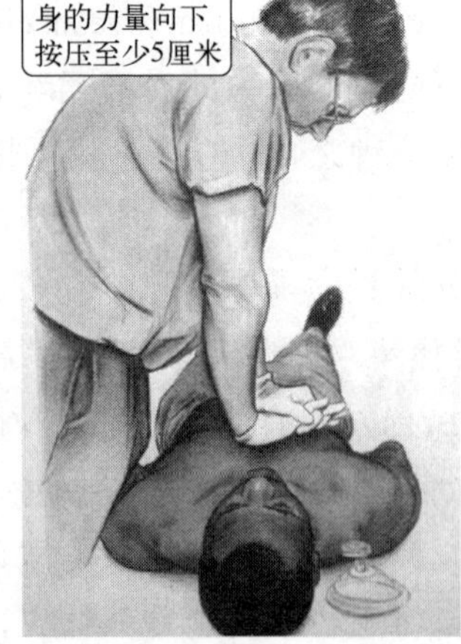

图 9.2 胸外心脏按压方法

d．打开气道（图 9.3）：先清除患者口腔内异物如呕吐物、假牙等，清理时最好戴上不透水的手套，以保护救助者不被感染疾病。开放气道时用一手压住患者前额，另一头手食、中指并拢，位于额部的骨性部分上抬颏，使颏部与下巴同时上抬，头后仰，直至鼻孔朝天。

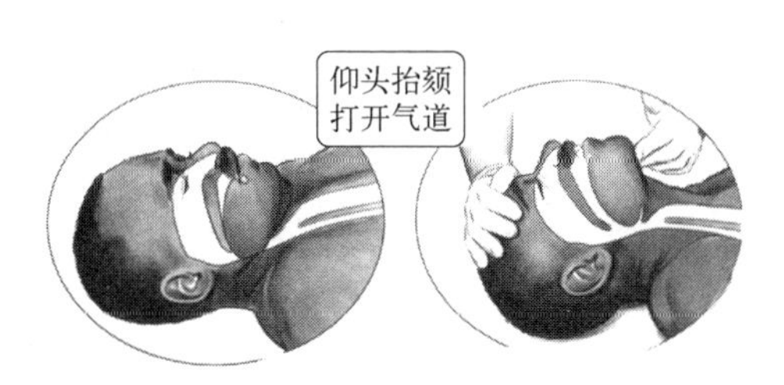

图 9.3　打开气道方法

③ 人工呼吸（图 9.4）。确定患者无呼吸后，救助者最好先将呼吸膜放在患者的嘴上或者鼻子上，以保护自己或患者免受感染。正常吸一口气后，捏住患者的鼻翼（鼻孔），用自己的嘴包严患者的嘴，缓慢（超过 1 秒钟）将气吹入，吹气量以使患者胸廓鼓起即可（成人为 500～600mL）。应避免快速、过度吹气，否则可能造成压力性肺内损伤。吹气后，若口唇已分离，可放松掐鼻的手指头，让气自动呼出。

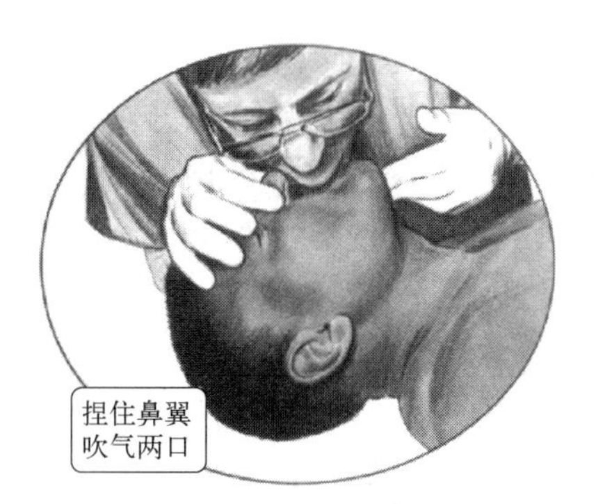

图 9.4　人工呼吸

④ 心肺复苏循环操作。每做三十次的胸外心脏按压之后，再实施两次人工呼吸。连续完成五个比例约为 30∶2 的按压-通气循环动作后，即为一个 CPR 循环，总时间约为 2 分钟。对于未经 CPR 训练的非专业人员，或当救助者不愿意或不能给患者做人工呼吸时，则应继续进行单纯的胸外心脏按压。

（2）心肺复苏终止条件

有下列情况之一者，可以停止心肺复苏：

① 持续做 CPR，直到自动体外心脏除颤器（AED）到达且可供使用。

② 患者开始活动。自主呼吸和心跳逐渐恢复后，为避免突然死亡，宜进行稳定侧卧位（恢复体位）。肢体末端血流受损的患者，恢复体位后应每 30 分钟更换一次体位方向，以免造成肢体压伤。操作时要注意手法，不正当地转动体位，将进一步加重患者损伤。

③ 专业救护人员接管 CPR。

④ 心肺复苏已历时半小时，心、脑死亡仍存在。

⑤ 救助者筋疲力尽，不能继续完成 CPR。

⑥ 现场变得不安全。

⑦ 在开始 CPR 之前，循环和呼吸暂停时间已达到了十五分钟以上。

⑧ 为了保证心肺恢复质量，操作员应该严格遵循《美国心脏协会心肺复苏和心血管急救指南》来进行。如现场有多名救助者，心肺复苏操作 2 分钟后，应立即换人操作，以确保操作质量。

9.3.2 简单包扎方法

包扎创伤时应该了解有无内部损害，在外伤抢救现场不要只顾包扎从表层看到的创伤而忽视了其内部的损害。

同样是躯干上的创伤，有和没有发生骨折时，其包扎的方式不同，有骨折时，包扎应当考虑到对骨折部位的准确定位。同样是身体上的创伤，一旦发生了内部器官的损伤，如肝破裂、腹腔内出血、血胸等，则应当优先考虑内部脏器损伤的抢救，而不要在身体表面创伤的包扎上耽误时间。同样是头颅的创伤，如果发生了颅脑损伤，则并非单纯包扎进行止血就能解决问题，同时还必须做好监护。对头颅遭受冲击的病人，即便自觉良好，亦须观察二十四小时，若出现头胀、头疼加剧，或者恶心、呕吐，即说明出现颅内损伤，必须急诊抢救。

所以，在对伤员显而易见的创伤实施包扎期间，还必须知道有无任何其他部位受伤，尤其要关注有无存在较为隐蔽的脏器受伤。

（1）包扎器材

包扎材料中最常见的有卷轴绷带和三角巾。卷轴绷带即用纱布卷条制成，通常长度在五米左右，而三角巾则是将一块方毛巾对角剪开，即为两块三角形毛巾，三角巾应用灵活，包扎覆盖面大，在所有部位均能够应用。

应急条件下洁净的毛毯、头巾、手帕、衣物等都可用作临时性的包扎处理物料。

（2）包扎方法

① 迅速冲洗伤口部位，用棉球沾上生理盐水后轻柔擦拭。在清洗、消毒、处理伤痕时，若有大而易取的异物，可酌情拔出，深而小且无法拔出的异物切勿勉强拔出，以防将病菌带到创伤内。如果有戳到人体腔内或血管周围的小异物，切不可轻率地拨出，以避免伤害血管及脏器。

伤口经清洁后，可依据情形而作不同处理。若是黏膜处小的创伤，可涂上红汞或紫药水，也可撒上消炎药粉，但在大创面则不宜涂撒以上药品。

② 包扎伤口。创伤在进行清洗处理之后，就要进行包扎。包扎主要有防护创伤、压迫止血、减少传染、缓解痛楚、加固敷料和夹板等目的。在包扎时，一定要进行得

快、准、轻、牢。快，即操作的灵敏快速；准，即操作部位的精确、细致；轻，即动作轻柔，切勿撞击创伤；牢，即包扎牢固，切勿过紧，以防干扰血液循环，亦不可过松，以防纱布滑落。

包扎创口，在各个部位都有不同的办法，下面介绍了一些常见的包扎方式。

a．绷带环形法：这是所有弹力绷带包扎方法中最基础也最常见的，通常大小伤口消毒后的包扎都是使用本法，可应用在颈部、头顶、小腿以至胸腹等处。具体方法为：将第一个圈围绕稍作倾斜形，第二个圈、第三个圈为环状，或把第一个圈斜出的角落里压在环圈内，这样固定更紧密些。最后再将尾固定好，并把带尾的剪开成两头系扣。

b．绷带蛇形法：多用于夹板的紧固。具体方法为：首先按环形法绕数圈固定，然后按弹力绷带的长度间断地斜着向上缠或向下缠而成。

c．绷带螺旋法：多用在粗细差不多的地方。具体办法为：首先按环形法绕数圈固定，然后再上缠每圈盖住前圈的三分之一，至三分之二后呈螺旋形。

d．三角巾头部包扎：先将三角巾基底对折放至前额拉到脑后，相交后先打一半结，然后再绕至前额打结。

e．三角巾风帽式包扎：将三角巾顶角与上底各打一结，即为风帽状。

当包扎或处理头顶面部问题时，先将头角结放于前额，上底结置于后脑勺下，包住整个头顶，将两角向面部拉好，再向外反褶包绕上下颌，然后拉向头枕后系扣即成。

f．胸部包扎：如果右胸负伤时，将三角巾顶角放到右面身上，将左上底扯到后边与右上打结，接着再把右角扯到肩部后边与顶角打结。

g．背部包扎：与传统胸部包扎的方式相同，唯部位相反，结打于胸前。

h．手足的包扎：将手、足置于三角巾上，将顶角在前拉至手、脚的反面，接着再将上底环绕并打结以牢固。

i．手臂的悬吊：如果上肢骨折需悬吊或固定，可以使用三角巾吊臂。悬吊方式为：将受伤肢体呈屈肘状态置于三角巾上，然后从上底角落里越过肩膀，在后面打结。

9.4　触电急救措施与方法

（1）触电现场急救

① 使触电者脱离电源：可以采用关闭电源开关，用干燥木棍挑开电线或拉下电闸等方法切断电源。

② 检查伤员：触电者脱离电源后，应迅速将其移到通风干燥的地方仰卧，并立即检查伤员情况。

③ 急救并求医：根据受伤情况确定处理方法。

伤害不太严重时，让触电者静卧休息，不要走动。

伤害严重时，若出现无呼吸，心脏有跳动的情况时，应立即进行人工呼吸；若出现有呼吸，心脏跳动停止情况时，应立即采用胸外心脏按压法救治，同时寻求医护帮助。

伤害非常严重时，同时进行人工呼吸和胸外心脏按压法救治，并及时拨打120急救电话。值得注意的是，在医生到达前，救护人应坚持不懈地对触电者进行心肺复苏救治。

（2）注意事项

① 救护人不得采用金属和其他潮湿的物品作为救护工具。

② 在未采取绝缘措施前，救护人不得直接接触触电者的皮肤以及触电者潮湿的衣服和鞋。

③ 在拉拽触电人脱离电源线路的过程中，救护人宜用单手操作，如此操作对救护人比较安全。

④ 当触电人在高处时，应采取预防措施避免触电人在与电源脱离时从高处坠落摔伤或摔死。

⑤ 当夜间发生触电事故时，在切断电源的同时会导致停电现象，因此应考虑切断电源后的临时照明问题，如采用应急灯等，以利于救护工作。

⑥ 救护人员应在确认触电者已与电源脱离，且救护人员本身所涉环境安全距离内无危险电源后，方能接触触电者进行抢救。

⑦ 在抢救过程中，不要为了方便而随意移动触电者，更不要拼命摇动触电者。如因特殊情况而必须移动时，应使触电者平躺在担架上，并在其背部垫上平硬、宽阔的木板，不可在触电者身体蜷曲的情况下进行搬运，同时，在移动伤员的过程中应继续保持对伤员的抢救。

⑧ 任何药物都不能替代人工呼吸和胸外心脏按压，如需对触电者用药或注射针剂时，应由有经验的医生诊断确定，慎重使用药物或注射针剂。

⑨ 在医务人员未接替抢救前，现场救护人员不得放弃对触电者的现场抢救工作，只有医生有权做出伤员死亡的诊断。

9.5 烧伤及冻伤的应急处理

9.5.1 烧伤和烫伤的应急处理

（1）烧伤与烫伤的关系

一般说的烫伤是指高温液体、蒸气或固体对人体的灼伤，烧伤是火焰、高温物质和强辐射热引起的组织损伤。烧伤通常较烫伤更为严重，一般都在Ⅱ度以上，严重时局部有烧焦炭化情况。理论上烫伤是烧伤的一种，处理方法与烧伤一致。

实验室中的烫伤事故往往是不慎接触加热仪器的金属部位或高温玻璃造成的，烧伤往往由火灾、电击造成。

（2）烧伤深度的判断

烧伤深度（烧伤严重程度）可分为Ⅰ度、Ⅱ度和Ⅲ度。Ⅰ度烧伤损伤最轻。烧伤皮肤发红、疼痛、明显触痛、有渗出或水肿，轻压受伤部位时局部变白，但没有水疱。Ⅱ度烧伤损伤较深。皮肤有水疱，触痛敏感，压迫时变白。Ⅲ度烧伤损伤最深。烧伤表面可以发白、变软或者呈黑色、炭化皮革状，压迫时不再变色。破坏的红细胞可使烧伤局部皮肤呈鲜红色，偶尔有水疱，烧伤区的毛发很容易拔出，感觉减退。Ⅲ度烧伤区域一般没有痛觉，因为皮肤的神经末梢被破坏。

（3）烧烫伤的应急处理方法

应立即将伤口用大量水冲洗，然后在凉水中浸泡半小时左右，从而达到迅速散热的作用。对Ⅰ度的烧烫伤，可在伤处涂些鱼肝油、烫伤油膏后包扎，3～5 天即可痊愈。若起水疱，则表明已经伤及真皮层，属Ⅱ度烧烫伤，此时不宜挑破水疱，应该用纱布包扎后送医院治疗。对于Ⅲ度烧烫伤，应立即用清洁的被单或衣服简单包扎，避免污染和再次损伤，创伤面不要涂擦药物，保持清洁，迅速送医院治疗。大面积烧伤可引起体液丢失，威胁生命，必须静脉或口服补液，如口服 2%～3%盐水。若发现呼吸、心跳停止，立即进行人工呼吸和胸外心脏按压。

9.5.2 冻伤的应急处理

（1）冻伤的症状

冻伤是在一定条件下寒冷作用于人体，引起局部乃至全身的损伤。冻伤发生时，受冻区发硬发白，初有疼痛感，但很快消失。当温暖时，冻伤区转为红肿并伴有疼痛，在 4～6 小时内形成水疱。冻伤较轻时可造成皮肤损伤，较重时由于深部组织冷冻可引起干性坏疽，严重时会出现肢体坏死，甚至死亡。实验室中的冻伤事故往往是操作液氮、干冰等制冷剂时不慎造成的。

（2）冻伤的应急处理方法

治疗冻伤的根本措施是使受伤肌体部位迅速复温。首先应迅速脱离冷源，用衣物或用温热的手覆盖受冻的部位使之保持适当温度，以维持足够的供血。若受伤部位是手，可放在腋下进行复温。接着需要用水浴复温，水浴温度应为 40～42℃，适用于各种冻伤。当皮肤红润柔滑时，表明受伤组织完全解冻。禁止对冻伤部位的任何摩擦，这样会进一步损伤组织。若冻伤患处破溃感染，应在局部用 65%～75%酒精消毒，吸出水疱内液体，外涂冻疮膏、樟脑软膏等。必要时可使用抗生素及破伤风抗毒素。

9.6 化学品灼伤及化学中毒的应急处理

9.6.1 化学品灼伤的应急处理

化学灼伤是实验室常见的事故，是化学物质及化学反应热引起的对皮肤、黏膜的急性损害。可由各种刺激性和有毒的化学物质引起，常见的致伤物有强腐蚀性物质、强氧化剂、强还原剂，如浓酸、浓碱、氢氟酸、钠、溴、苯酚、甲苯（有机溶剂）、磷等，可引起组织坏死。某些化学物质在致伤的同时可经皮肤、黏膜吸收引起中毒，如黄磷烧伤、酚烧伤、氯乙酸烧伤，甚至引起死亡。化学性眼烧伤可导致失明。易造成失明的化学物质常见的还有硫酸、氢氧化钠、氨、三氯化磷、重铬酸钠等。

当化学物质接触皮肤后（常见的有酸、碱、磷等），应立即移离现场，迅速脱去被化学物沾污的衣裤、鞋袜。如为热烫伤，先局部用清水冲淋或浸浴，以降低局部温度；如为化学性烧伤，首先清洗皮肤上的化学药品，再用大量水冲洗，一般要持续冲洗 15min 以上，然后要根据药品性质及烧伤程度采取相应的措施。受到上述烧伤后，新鲜创面上不要任意涂抹油膏或红药水，若创面起水泡，均不宜把水泡挑破。重伤者经初步处理后，急送医院救治。各类化学试剂灼伤的急救或治疗方法如表 9.1 所示。

表 9.1 各类化学试剂灼伤的急救或治疗方法

化学试剂种类	急救或治疗方法
碱类，如氢氧化钠（钾）、氨、氧化钙、碳酸钾	立即用大量水冲洗，再用 2%乙酸溶液冲洗，或用 3%硼酸水溶液洗，最后用水冲洗。其中对氧化钙烧伤者，可用植物油洗涤、涂敷创面
碱金属氰化物、氢氰酸	先用高锰酸钾溶液冲洗，再用硫化铵溶液冲洗
溴	被溴烧伤后的伤口一般不易愈合，必须严加防范，一旦有溴沾到皮肤上，立即用清水、生理盐水及 2%碳酸氢钠溶液冲洗伤处，包上消毒纱布后就医
氢氟酸	先用大量冷水冲洗直至伤口表面发红，然后用 5%碳酸氢钠溶液清洗，再用甘油镁油膏（甘油：氧化镁为 2：1）涂抹，最后用消毒纱布包扎
铬酸	先用大量清水冲洗，再用硫化铵稀溶液洗涤
黄磷	去除磷颗粒后，用大量冷水冲洗，并用 1%硫酸铜溶液擦洗，再以 5%碳酸氢钠溶液冲洗湿敷以中和磷酸，禁用油性纱布包扎，以免增加磷的溶解和吸收
苯酚	先用大量水冲洗，后用 70%酒精擦拭、冲洗创面，直至酚味消失，再用大量清水冲洗干净，冲洗后可再用 5%碳酸氢钠溶液冲洗、湿敷
硝酸银、氯化锌	先用水冲洗，再用 5%碳酸氢钠溶液清洗，然后涂以油膏及磺胺粉
酸类，如盐酸、硝酸、乙酸、甲酸、草酸、苦味酸	用大量流动清水冲洗（皮肤被浓硫酸沾污时切忌先用水冲洗），彻底冲洗后可用稀碳酸氢钠溶液或肥皂水进行中和，再用清水洗
硫酸二甲酯	不能涂油，不能包扎，应暴露伤处让其挥发
碘	用淀粉质（如米饭等）涂擦
甲醛	可先用水冲洗后，再用酒精擦洗，最后涂甘油

化学性物质对眼睛的损害是严重的，若治疗不及时可因此而失明。一旦发生眼睛化学性灼伤，应立即冲洗眼睛，洗眼时要保持眼皮张开，可由他人帮助翻开眼睑，用大量清水冲洗眼睛 15min，实验室内应备有专用洗眼水龙头。对于电石、石灰颗粒溅入眼内，须先用蘸有石蜡或植物油的镊子或棉签去除颗粒，再用水冲洗。冲洗后，用干纱布或手帕遮盖伤眼，去医院治疗。玻璃屑进入眼睛内绝不可用手揉擦，也不要试图让别人取出碎屑，不要转动眼球，可任其流泪，有时碎屑会随泪水流出。用纱布轻轻包住眼睛后，将伤者急送医院处理。如无冲洗设备，可把头埋入清洁水盆中，掰开眼皮，转动眼球清洗。

9.6.2　化学品中毒的应急处理

发生化学品中毒时，应该按照具体中毒化学品种类进行处理，如表 9.2 所示。

表 9.2　各类化学试剂中毒的处理方法

化学品名称	处理方法
强酸 （致命剂量 1mL）	误吞时，立刻饮服 200mL 氧化镁悬浮液，或者氢氧化铝凝胶、牛奶及水等，再食用十多个打溶的鸡蛋作缓和剂。因碳酸钠或碳酸氢钠会产生二氧化碳气体，故不要使用。 沾着皮肤时，用大量水冲洗 15min（先不用碱中和），再用碳酸氢钠（或镁盐和钙盐）之类的稀碱液或肥皂液进行洗涤。 沾草酸时，不用碳酸氢钠中和
强碱 （致命剂量 1g）	误吞时，用 1%的醋酸水溶液将患部洗至中性，然后服用 500mL 稀的食用醋（1 份食用醋加 4 份水）或鲜橘子汁将其稀释。 沾着皮肤时，立刻脱去衣服，尽快用水冲洗至皮肤不滑为止，再用经水稀释的醋酸或柠檬汁等进行中和
卤素气	把患者转移到空气新鲜的地方，保持安静。 吸入氯气时，给患者嗅 1∶1 的乙醚与乙醇的混合蒸气；若吸入溴气时，则给其嗅稀氨水
氰 （致命剂量 0.05g）	应立刻处理。每隔 2min，给患者吸亚硝酸异戊酯 15～30s。吸入时，把患者移到空气新鲜的地方，使其横卧，然后脱去沾有氰化物的衣服，马上进行人工呼吸。 误吞时，用手指摩擦患者的喉头，使之立刻呕吐。决不要等待洗胃用具来到才处理
重金属	重金属的毒性，主要来源于它与人体内酶的 SH 基结合。 误吞重金属时，可饮服牛奶、蛋白或单宁酸等，使其吸附胃中的重金属。用螯合物除去重金属也很有效。常用的螯合剂有乙二胺四乙酸钙二钠、二乙基二硫代氨基甲酸钠三水合物等
烃类化合物 （致命剂量 10～50mL）	把患者转移到空气新鲜的地方，尽量避免洗胃或用催吐剂催吐，因为如果呕吐物进入呼吸道，会发生严重的危险事故
甲醇 （致命剂量 30～60mL）	用 1%～2%的碳酸氢钠溶液充分洗胃，把患者转移到暗房，每隔 2～3h 吞服 5～15g 碳酸氢钠。在 3～4 日内，每隔 2h，按 0.5mL/kg 体重饮服 50%的乙醇溶液
乙醇 （致命剂量 300mL）	用自来水洗胃，除去未吸收的乙醇，然后一点点地吞服 4g 碳酸氢钠
酚类化合物 （致命剂量 2g）	误吞时，饮自来水、牛奶或吞食活性炭，再反复洗胃或催吐，然后饮服 60mL 蓖麻油及于 200mL 水中溶解 30g 硫酸钠制成的溶液。 烧伤皮肤，先用乙醇擦去，用肥皂水及水洗涤
乙二醇	用洗胃、服催吐剂或泻药等方法，除去误吞食的乙二醇，再静脉注射 10mL10%的葡萄糖酸钙，同时对患者进行人工呼吸

续表

化学品名称	处理方法
乙醛（致命剂量 5g）	用洗胃或服催吐剂等方法，除去误吞食的药品，随后服下泻药。呼吸困难时要输氧
草酸 （致命剂量 4g）	饮 30g/200mL 的丁酸钙水溶液或其他钙盐制成的溶液和大量牛奶
氯代烃	若误吞食时，用自来水充分洗胃，然后饮服 15%硫酸钠溶液。不要喝咖啡类饮料。吸入氯仿时，将患者的头降低，使其伸出舌头，以确保呼吸道畅通
苯胺 （致命剂量 1g）	沾到皮肤，用肥皂和水将其洗擦干净。 误吞，用催吐剂、洗胃及服泻药等方法将其除去
有机磷 （致命剂量 0.02～1g）	吸入时，进行人工呼吸。 误吞时，用催吐或用自来水洗胃等方法将其除去。 沾在皮肤、头发或指甲等地方的有机磷，要彻底洗去
甲醛 （致命剂量 60mL）	误吞时，立刻饮食大量牛奶，再洗胃或催吐，然后服下泻药，还可以再服用 1%的碳酸铵水溶液
二硫化碳	给患者洗胃或催吐。让患者躺下并加强保暖，保持通风良好
一氧化碳 （致命剂量 1g）	将患者转移到空气新鲜的地方，使其躺下并加强保暖，保持安静。要及时清除呕吐物，以确保呼吸道畅通，充分地进行输氧

9.7 化学品泄漏的控制和处理

9.7.1 化学品泄漏危险程度的评估

一旦泄漏发生，不要惊慌。尽量不要去触摸泄漏物、从泄漏物上面走或者去呼吸它，要按照应急程序来处理，首先应评估化学品泄漏的危险程度。

（1）小的泄漏事故

通常小于 1L 的挥发物和可燃溶剂、腐蚀性液体酸或碱，小于 100mL 的职业安全与健康标准（OSHA）管制的高毒性化学物质泄漏可认为是小的泄漏事故。即便是这样的事故，也必须了解其危险性并佩戴合适的个人防护设备才可以实施控制和清理。

（2）大的泄漏事故

满足下面一个或多个条件，就可视为大的泄漏：

① 人员发生需要医学观察的受伤情况；

② 起火或有起火的危险；

③ 超出涉及人员的清理能力；

④ 没有后备人员来支持清理；

⑤ 没有需要的专业防护设备；

⑥ 不知道泄漏的是什么物质；

⑦ 泄漏可能导致人员伤亡；

⑧ 泄漏物进入周围环境（土壤和下水道、雨水口）。

对于大的泄漏事故必须报告公共安全或消防部门，交给受过专业培训和有专业装备的专业人士来处理。

9.7.2 化学品泄漏的一般处理程序

发生危险化学品事故，应立即组织营救和救治受害人员，疏散、撤离或者采取其他措施保护危害区域内的其他人员；迅速控制危害源，测定危险化学品的性质、事故的危害区域及危害程度；针对事故对人体、动植物、土壤、水源、大气造成的现实危害和可能产生的危害，迅速采取封闭、隔离、清洗消毒等措施；对危险化学品事故造成的环境污染和生态破坏状况进行监测、评估，并采取相应的环境污染治理和生态修复措施。

化学品泄漏事故的处理程序一般包括报警、紧急疏散、现场急救、泄漏处理和控制几方面。

（1）报警

无论泄漏事故大小，只要发现化学品泄漏，需要立刻向上级汇报。及时传递事故信息，通报事故状态，是使事故损失降低到最低水平的关键环节。对于大的泄漏事故，则需首先向公安消防部门报告，拨打 119 电话，报告事故单位，事故发生的时间、地点、化学品名称和泄漏量以及泄漏的速度、事故性质（外溢、爆炸、火灾）、危险程度、有无人员伤亡以及报警人姓名及联系电话。

（2）紧急疏散

根据化学品泄漏的扩散情况建立警戒区，迅速将警戒区内与事故应急处理无关的人员撤离，以减少不必要的人员伤亡。

（3）现场急救

在任何紧急事件中，人命救助是最高优先原则。当化学品对人体造成中毒、窒息、冻伤、化学灼伤、烧伤等伤害时，要立刻进行应急处理，并及时送往医院。救护时，不论患者还是救援人员都需要进行适当的防护。

（4）泄漏处理和控制

危险化学品的泄漏处理不当，容易发生中毒或转化为火灾爆炸事故。因此化学品发生泄漏时，一定要处理及时、得当，避免重大事故的发生。在进入泄漏现场进行处理时，应注意以下几项。

① 进入现场的人员必须配备必要的个人防护器具。

② 如果泄漏的化学品易燃易爆，应严禁火种。扑灭任何明火及任何其他形式的热源和火源，以降低发生火灾爆炸危险性。

③ 应急处理时严禁单独行动，要有监护人，必要时用水枪掩护。

④ 应从上风、上坡处接近现场，严禁盲目进入。

9.7.3 化学品泄漏围堵、吸附材料

（1）吸附棉

处置化学品泄漏、油品泄漏的最常用的物品是吸附棉。吸附棉由熔喷聚丙烯制成，具有吸附量大（一般为自重的10～25倍）、吸附快、可悬浮（浮于水面）、化学惰性、安全环保、不助燃、可重复使用、无储存时限、成本低等特点。吸附棉可分为通用型吸附棉（通常为灰色）、吸油棉（通常为白色）和吸液棉（化学品吸附棉，通常为红色或粉色，可用于酸、腐蚀性化学液体的吸附）三种。产品形式通常有垫（片）、条（索）、卷、枕、围栏等。

（2）吸附剂

吸附剂是一类具有适宜的孔结构或表面结构，具有大的比表面积，对吸附质有强烈吸收能力，不与吸附质和介质发生化学反应，具有良好的机械强度，制造方便，容易再生的物质，常为颗粒、粉末或多孔固体。用于泄漏处理的吸附剂通常有四种，分别是活性炭、天然无机吸附剂（沙子、黏土、珍珠岩、二氧化硅、活性氧化铝等）、天然有机吸附剂（木纤维、稻草、玉米秆等）及合成吸附剂（聚氨酯、聚丙烯、聚苯乙烯和聚甲基丙烯酸甲酯树脂等）。

9.7.4 实验室化学品泄漏处理方法

（1）通常的处理方法

实验室存储的化学品量一般较少，由于意外出现化学品泄漏，情况不严重时，可以参照如下步骤处理。

① 首先应立即向同室人员示警。

② 然后根据泄漏物质的危险特性佩戴好或穿好相应的防护工具，如防化手套、防护眼镜、防化服等。

③ 用适用于该化学品的吸附条或吸附围栏围堵泄漏液体的扩散流动，以防泄漏品进一步污染大面积环境；或抛洒吸附剂（没有专业吸附剂，可用消防沙），并用扫帚等工具翻动搅拌至不再扩散。

④ 取出吸附垫，放置到围住的化学品液体表面上，依靠吸附垫的超强吸附力对化学品进行快速吸收，以减少化学品的挥发和暴露产生的燃爆危险和毒性。

⑤ 取出擦拭纸，将吸附垫、吸附条粗吸收处理后残留物进行最后完全吸收处理。

⑥ 最后取出防化垃圾袋，将所有用过的吸附片、吸附条、黏稠的液体或固体及其他杂质，一起清理到垃圾袋里，扎好袋口，贴上有害废物标签。标签中必须注明有害废物的名称、产生区域和产生日期，放到泄漏应急处理桶内运走，交由专业的废物处理公司来处理。泄漏应急处理桶可以在处理干净后，重新使用。

情况严重时，应向室内人员示警，关闭实验室电闸（非可燃气体泄漏）、实验室门，迅速撤离，报警。若泄漏物危险较大，则还需疏散附近人员。如遇可燃气体泄漏，则应迅速关闭阀门，打开窗户，迅速撤离，关闭实验室门。严禁开关、操作各种电气设备。

（2）汞的泄漏处理

金属汞散失到地面上时，可用硬纸将汞珠赶入纸簸箕内，再收集到玻璃容器中，加水液封，也可用滴管吸起汞珠收集到水液封的玻璃容器中。另一种方法是使用润湿的棉棒，可以将散落的小汞滴收集成大汞珠，再收集到水液封的玻璃容器中。更小的汞滴可用胶带纸粘起，放入密封袋或容器中。收集不起来的和落入缝隙的小汞滴，可撒硫粉覆盖，用刮刀反复推磨使之反应生成硫化汞，再将硫化汞收集放入封袋中；也可撒锌粉或锡粉生成稳定的金属汞齐。受污染的房间应将窗户和门打开通风至少一天。注意：在清除汞时必须戴上手套，使用过的手套同样放在密封袋中。放入污染物的容器和密封袋必须贴上“废汞”或“废汞污染物”的标签。

习题

1．实验过程中如感到嗓子灼痛，并产生发绀、恶心、惊厥、呼吸困难和窒息等可能是中毒反应所引起体征时，应如何采取应急措施？

2．实验室中遇到割伤，如何进行应急处理？

3．实验室中遇到眼部灼伤或掉入异物，如何进行应急处理？

4．实验室中遇到皮肤烧伤，如何进行应急处理？

5．实验室中遇到冻伤，如何进行应急处理？

6．实验室中烧伤和烫伤的应急处理有哪些？

7．实验室化学品泄漏，通常的处理方法是什么？

8．绷带环形法包扎法，如何操作？

9．触电现场急救措施有哪些？

第十章

安全管理理念——健康、安全、环境

人们经常把安全与不受威胁、不出事故等联系在一起，但是不能因此认为这些就是安全的特有属性。安全是一种心理状态，指某一子系统或系统保持完整的一种状态，安全是一种理念，即人与物将不会受到伤害或损失的理想状态，或者是一种满足一定安全技术指标的物态。安全在希腊文中的意思是“完整”，而在梵语中的意思是“没有受伤”或“完整”。“安”字指不受威胁没有危险、太平、安全、安适、稳定等，可谓无危则安。“全”字指完满、完整或指没有伤害、无残缺等，可谓无损则全。

部分高校提出安全管理的五大理念。通过创新安全文化融入和安全准入执行体系，建立安全管理协同机制，建设以绿色为要点的安全环保实验环境，建设开放、共享、融通的实验平台。通过创新、协调、绿色、开放、共享的新发展理念，构建实验室安全管理工作体系，制定有效的实验室安全年度规划，水平提升年度计划。随着实验室安全文化建设越来越重要，6S 理念的引入无疑是在 5S 基础上使实验室管理模式更完善。

无论是科学研究还是基础教学，实验室的安全一直都是关注的重点，安全无小事。但是养成良好的安全习惯与实验室环境卫生、学生安全理念、健康的环保意识等是分不开的。因此培养和增强自我健康、安全、环保意识是避免和面对危险的最有效途径。

10.1　安全定义

从安全的科学层面理解安全的定义是指没有危险，不受威胁，不出事故，即消除能导致人员伤害，发生疾病或死亡，造成设备或财产破坏、损失，以及危害环境的条件。安全是指在外界条件下处于健康状况，或人的身心处于健康、舒适和高效率活动状态的客观保障条件。

10.1.1　系统安全

所谓系统安全，就是在系统的生命周期内的所有阶段，通过效能、时间、成本等约束条件，使系统获得最佳的安全性。因此，提高系统的安全性，追求产品的安全性，使产品达到最佳的安全性能。

系统安全的基本原则就是在一个新系统的构思阶段就必须考虑其安全性的问题，制定并执行安全工作规划。系统安全属于事前分析和预先的防护，与传统的事后分析并积累事故经验的思路截然不同。系统安全活动贯穿于整个系统生命周期，直到系统报废为止。

10.1.2　本质安全

本质安全一般是针对某一个系统或设施而言，是表明该系统的安全水平是否达到部门要求。所谓本质上实现安全化指的是设备、设施或技术工艺含有内在的能够从根本上防止发生事故的功能。

本质安全的设备具有高度的可靠性和安全性，可以杜绝或减少伤亡事故，减少设备故障，从而提高设备利用率，实现安全生产。

10.2　HSE 管理体系

HSE 管理体系，即健康、安全、环境（health safety and environment）管理体系。自 2006 年以来，HSE 理念被越来越多地提及，该理念的提出催生了一门当时的新兴行业，即 HSE 管理。生产运营企业只要涉及环保就要采取完整系统的管理模式，而该模式正是大环境下被广为推崇并适用的管理方式。企业领导、安全负责人通过建立 HSE 管理部门，保证了工作的整体环境卫生、整洁、健康，保障了工作过程安全、规范及合理、有序，同时也在潜意识中提高了企业员工的环保认识。

HSE 管理体系是职业健康安全管理体系（OHSAS）和环境管理体系（EMS）两体系的整合。HSE 管理体系的指标是针对重要的环境因素、重大的危险因素或者需要控制的因素而制定的量化控制指标。

为什么要建立并推行 HSE 管理体系？为了改进我们工作场所的健康性和安全性；改善劳动条件，维护员工的合法利益；增强工厂的凝聚力，完善工厂的内部管理；提升公司形象，创造更好的经济效益和社会效益。

10.2.1　HSE 管理体系构建

在企业执行 HSE 管理时需要关注的就是职业健康、安全及环境，简单对职业健康、安全及环境所涉及的内容作概括性的介绍。

H（health）：职业健康主要为职业病防治，职业病防治工作坚持预防为主、防治结合的方针。根据《中华人民共和国职业病防治法》，职业病是指企业、事业单位和个体经济组织等用人单位的劳动者在职业活动中，因接触粉尘、放射性物质和其他有毒、有害因素而引起的疾病。对从事接触职业病危害的作业的劳动者，用人单位应当按照规定组织上岗前、在岗期间和离岗时的职业健康检查。

S（safety）：企业应建立风险识别与管理制度，各单位应成立风险识别组织，每年一次系统识别本单位属地活动所有阶段可预见的危险源，识别所有的与各类活动相关的可预见的危险，如机械、电气、高温、低温、火灾、毒物、噪声、化学毒害等危险，或与任务不直接相关的可预见的危险，如临时停水、停电、自然灾害等特殊状态下的安全。各单位应从化学品（辐射、生物）、人员、仪器/设备、环境、设施等方面进行危险源辨识。风险辨识组织成员应包括 HSE 成员、相关技术/工程专业人员、属地主管、现场操作人员。

建立健全化学品安全管理制度、危险化学品管理分类储存制度，掌握化学品处理操作安全基本要求、气瓶管理使用制度、用电安全、仪器安全、设备安全、设施安全、辐射安全、生物安全、高风险作业安全、机械安全、消防安全、事故与急救等。

E（environment）：环境因素是指一个组织的活动、产品或服务中能与环境发生相互作用的要素。其目的是通过识别评估，掌握公司活动、产品及服务等对环境可能或已造成影响的环境因素，确定重要环境因素，作为持续改善及策划环境管理体系的依据。按照环境因素可以分为：水、气、声、渣等污染物排放处置；能源、资源、原材料消耗；相关方的环境问题及要求；潜在的意外、紧急情况。具体包括对废物的管理、化学品泄漏。

10.2.2 HSE 管理理念

所有实验人员都是实现零事故和 100%执行所有 HSE 法规要求的重要组成部分。所有人员将有责任遵循他们的 HSE 职责。因此 HSE 期望是：①理解并遵守各岗位及设备的健康、安全措施和规则。②保持健康、安全设施的良好功能。③积极主动提出 HSE 改进建议。④主动参加 HSE 培训并在工作中运用从培训中所学的知识与能力。⑤通过积极观察其他员工的安全工作行为以及规范自身安全行为，使其他员工意识到健康与安全的重要性。⑥积极参与事故、损伤和疾病的预防活动；进行工作安全性分析，建立安全工作措施；找出并纠正危险和不安全因素；对事故、虚惊事件或潜在危险进行调查。

10.2.3 实验室 HSE 管理方针

通过科学进步探索更先进的 HSE 管理技术和标准，杜绝一切安全事故，构建实验室绿色生活环境，打造安全、环保、健康，预防为主，零伤害、零事故、零污染的实验室环境。

HSE 是每一个实验人员的责任，HSE 理念是指导管理决策和日常实验工作行为的基本准则，所有实验人员必须深刻理解、积极践行，使之成为开展实验以及管理工作的组成部分。通过体系化管理，建立全员、全过程、全方位的 HSE 风险识别、控制与管理机制，将风险管理意识应用至科研生产工作中。能够为实验室健康可持续发展提供保障和支持，实现持续改进，逐步达到人、机、环境的和谐统一。HSE 管理是任何一项业务流程不可分割的一部分。

① HSE 人员的直接参与是关键，谁的业务谁负责，谁的属地谁负责，谁的岗位谁负责。

② 事故都是可以预防的，所有事故都可以追溯到管理原因。

③ 发现的风险和隐患必须及时控制和整改。

④ 研发过程要落实工艺危害分析要求，严格工艺安全信息的收集。

⑤ 各级管理层是所辖范围内的 HSE 第一责任人，直接对各自的 HSE 工作负责。

⑥ 采取合理措施减少或消除工作场所对员工职业健康安全的影响。

⑦ 工作外的安全和工作中的安全同样重要。

⑧ 必须要在保证安全的情况下开展工作。

10.2.4 实验室 HSE 管理作业准则

① 安全作业是开展每一项业务的先决条件。

② 任何时候都不超过设备、工具或工艺的设计极限。

③ 如果不具备安全作业条件或对作业安全没有把握，则应停止作业。

④ 在进行所有作业之前应首先进行风险评估，确保所有安全保护装置和系统处于良好状态。

10.3 常见安全检查

近些年无论是高校还是企业，安全越来越被重视，上级安检部门的检查频率不断增加，在开展正常教学和生产实习的同时，不能忽略日常的安全检查工作。每个高校安全保卫机构针对各教学单位生产生活中存在的问题进行地毯式的安全检查。安全检查的一般要求为确定安全检查范围，负责人、安全员联合排查，发现安全隐患立即整改，保证各环节安全无隐患。同时也应根据每年安全检查计划安排召开全员安全教育培训会。

按照《高等学校实验室安全检查项目表（2023 年）》要求，对高校实验室开展一系列安全检查，每项都是关系到实验室安全运行的要点。下面列出实验室常见的安全检查要点。

10.3.1 场所环境

实验场所应具备合理的安全空间布局，实验操作区层高不低于 2 米。实验楼大走廊保证留有大于 1.5 米净宽的消防通道。实验室消防通道通畅，公共场所不堆放仪器和物品。

实验室水、电、气管线布局合理，安装施工规范。采用管道供气的实验室，输气管道及阀门无破损现象，并有明确标志；供气管道有标志，无破损。高温、明火设备放置位置与气体管道有安全间隔距离。

实验室分区应相对独立，布局合理。实验室物品摆放有序，卫生状况良好，实验完毕物品归位，无废弃物品，不放无关物品。不在实验室睡觉，不存放和烧煮食物、饮食，禁止吸烟，不使用可燃性蚊香。

每个房间门口挂有安全信息牌，信息包括：安全风险点的警示标志、安全责任人、涉及危险类别、防护措施和有效的应急联系电话等，并及时更新。

10.3.2 安全设施

① 实验室应配备合适的灭火设备，并定期开展使用训练。

② 紧急逃生疏散路线通畅，在显著位置张贴紧急逃生疏散路线图，疏散路线图的逃生路线应有两条（含）以上；路线与现场情况符合；主要逃生路径（室内、楼梯、通道和出口处）有足够的紧急照明灯，功能正常；师生应熟悉紧急疏散路线及火场逃生注意事项。

③ 有可燃气体的实验室不得设置吊顶，实验室门上有观察窗，外开门不阻挡逃生路线。

④ 存在燃烧、腐蚀等风险的实验区域，需配置应急喷淋和洗眼装置。

⑤ 应急喷淋安装地点与工作区域之间畅通，距离不超过 30 米。应急喷淋安装位置合适，拉杆位置合适、方向正确。应急喷淋装置水管总阀处常开状，喷淋头下方 410mm 范围内无障碍物。不能以普通淋浴装置代替应急喷淋装置。洗眼装置接入生活用水管道，应至少以 1.5L/min 的流量供水，水压适中，水流畅通平稳。经常对应急喷淋与洗眼装置进行维护，无锈水脏水，有检查记录。

10.3.3 通风系统

通风柜的配置合理、使用正常、操作合规。实验室排出的有害物质浓度超过国家现行标准规定的允许排放标准时，必须采取净化措施，做到达标排放。任何可能产生高浓度有害气体而导致个人暴露，或产生可燃、可爆炸气体或蒸气而导致积聚的实验，都须在通风柜内进行。进行实验时，可调玻璃视窗开至离台面10～15厘米，保持通风效果，并保护操作人员胸部以上部位。实验人员在通风柜进行实验时，避免将头伸入调节门内。不可将一次性手套或较轻的塑料袋等留在通风柜内，以免堵塞排风口。通风柜内放置的物品应距离调节门内侧15厘米以上，以免掉落。不得将通风柜作为化学试剂存放场所。玻璃视窗材料应是钢化玻璃。

10.3.4 防爆系统

安装有防爆开关、防爆灯等，安装必要的气体报警系统、监控系统、应急系统等；可燃气体管道，应科学选用并安装阻火器；采取有效措施，避免或减少出现危险爆炸性环境，避免出现任何潜在的有效点燃源。

10.3.5 用电用水基础安全

① 实验室用电安全应符合国家标准（导则）和行业标准。实验室配电容量、插头插座与用电设备功率须匹配，不得私自改装。电源插座须有效固定，电气设备应配备空气开关和漏电保护器。大功率仪器（包括空调等）使用专用插座；配电箱前不应有物品遮挡并便于操作，周围不应放置烘箱、电炉、易燃易爆气瓶、易燃易爆化学试剂、废液桶等；配电箱的金属箱体应与箱内保护零线或保护地线可靠连接。

② 给水、排水系统布置合理，运行正常。各楼层及实验室的各级水管总阀须有明显的标志。

10.3.6 个人防护

进入实验室人员须穿着质地合适的实验服或防护服；按需要佩戴防护眼镜、防护手套、安全帽、防护帽、呼吸器或面罩（呼吸器或面罩在有效期内，不用时须密封放置）等；进行化学、生物安全和高温实验时，谨慎佩戴隐形眼镜；操作机床等旋转设备时，不戴长围巾、丝巾、领带等；穿着化学、生物类实验服或戴实验手套，不得随意进入非实验区。

10.3.7 实验室化学品存放

① 学校建有危险化学品储存区并规范管理。危险化学品储存区不能建设在地下或半地下，不得建设在实验楼内。不得私自从外单位获取管制类化学品，也不得给外单位或个人提供管制化学品。

② 实验室内存放的危险化学品总量符合规定要求，危险化学品储存区的试剂不混

放，整箱试剂的叠加高度不大于 1.5 米。

③ 建立实验室危险化学品动态台账，并有危险化学品安全技术说明书（SDS）或安全周知卡，方便查阅。

④ 化学品标签应显著完整清晰。

10.3.8 实验室气体管理

① 气瓶应固定合理。气体（气瓶）存放点须通风、远离热源、避免暴晒，地面平整干燥。

② 危险气体气瓶尽量置于室外，室内放置应使用常时排风且带监测报警装置的气瓶柜。

③ 可燃性气体与氧气等助燃气体气瓶不得混放，气瓶的存放应控制在最小需求量。

④ 独立的气体气瓶室应通风、不混放、有监控，有专人管理和记录。

⑤ 气瓶颜色符合 GB/T 7144—2016 的规定要求，确认“满、使用中、空瓶”三种状态。

⑥ 使用完毕后，应及时关闭气瓶总阀。

10.3.9 仪器设备、机械安全

① 大型仪器设备、高功率的设备与电路容量相匹配，有设备运行维护的记录，有安全操作规程或注意事项。

② 仪器设备接地系统应按规范要求，采用铜质材料，接地电阻不高于 0.5Ω。电脑、空调、电加热器等不随意开机过夜。对于不能断电的特殊仪器设备，采取必要的防护措施（如双路供电、不间断电源、监控报警等）。

③ 关注高温、高压、高速运动、电磁辐射等特殊设备，对使用者有培训要求，有安全警示标志和安全警示线（黄色），设备安全防护措施完好。非标准设备、自制设备应经安全论证合格后方可使用，并须充分考虑安全系数，并有安全防护措施。

④ 机床应保持清洁整齐，严禁在床头、床面、刀架上放置物品。机械设备可靠接地，实验结束后，应切断电源，整理好场地并将实验用具等摆放整齐，及时清理机械设备产生的废渣、废屑。

⑤ 进入高速切削机械操作工作场所，穿好工作服工作鞋、戴好防护眼镜、扣紧衣袖口、戴好工作帽（长发学生必须将长发盘在工作帽内），禁止戴手套、长围巾、领带、手镯等，禁穿拖鞋、高跟鞋等。设备运转时严禁用手调整工件。个人防护用品要穿戴齐全，如工作服、工作帽、工作鞋、防护眼镜等。操作冷加工设备必须穿“三紧式”工作服，不能留长发（长发要盘在工作帽内），禁止戴手套。

⑥ 铸造实验场地宽敞、通道畅通，使用设备前，操作者要按要求穿戴好防护用品。盐浴炉加热零件必须预先烘干，并用铁丝绑牢，缓慢放入炉中，以防盐液炸崩烫伤。淬火油槽不得有水，油量不能过少，以免发生火灾。与铁水接触的一切工具，使用前必须加热，严禁将冷的工具伸入铁水内，以免引起爆炸。锻压设备不得空打或大力敲打过薄锻件，锻造时锻件应达到850℃以上，锻锤空置时应垫有木块。

⑦ 在坠落高度基准面2米及以上有可能坠落的高处进行作业，须穿防滑鞋、佩戴安全帽、使用安全带。临边作业须在临边一侧设置防护栏杆，有相关安全操作规程。

10.3.10 特种设备安全

① 额定起重量大于或者等于0.5t的升降机；额定起重量大于或者等于3t（或额定起重力矩大于或者等于40t•m的塔式起重机，或生产率大于或者等于300t/h的装卸桥），且提升高度大于或者等于2m的起重机；层数大于或者等于2层的机械式停车设备，须取得《特种设备使用登记证》。

② 用起重机械至少每月进行一次日常维护保养和自行检查，并作记录。制定安全操作规程，并在周边醒目位置张贴警示标识，有必要的安全距离和防护措施。起重设备声光报警正常，室内起重设备要标有运行通道。

③ 盛装气体或者液体，承载一定压力的密闭设备，其范围规定为最高工作压力大于或者等于0.1MPa（表压）的气体、液化气体和最高工作温度高于或者等于标准沸点的液体，容积大于或者等于30L且内直径（非圆形截面指截面内边界最大几何尺寸）大于或者等于150mm的固定式容器和移动式容器，以及氧舱，须取得《特种设备使用登记证》。设备铭牌上标明为简单压力容器不需办理。

10.3.11 电气安全

① 各种电气设备及电线应始终保持干燥，防止浸湿，以防短路引起火灾或烧坏电气设备。实验室内的功能间墙面都应设有专用接地母排，并设有多点接地引出端。高压、大电流等强电实验室要设定安全距离，按规定设置安全警示牌、安全信号灯、联动式警铃、门锁，有安全隔离装置或屏蔽遮栏（由金属制成，并可靠接地，高度不低于2米）。控制室（控制台）应铺橡胶、绝缘垫等。强电实验室禁止存放易燃、易爆、易腐品，保持通风散热。应为设备配备残余电流泄放专用的接地系统。禁止在有可燃气体泄漏隐患的环境中使用电动工具；电烙铁有专门搁架，用毕立即切断电源。强磁设备应该配备与大地相连的金属屏蔽网。

② 强电类实验必须两人（含）以上，操作时应戴绝缘手套；防护器具按规定进行周期性试验或定期更换；静电场所，要保持空气湿润，工作人员要穿戴防静电服、手套和鞋靴。

10.3.12 加热及制冷装置安全

① 贮存危险化学品的冰箱应为防爆冰箱或经过防爆改造的冰箱，并在冰箱门上注明是否防爆。标志至少包括名称、使用人、日期等，并经常清理。实验室冰箱中试剂瓶螺口拧紧，无开口容器，不得放置非实验用食品、药品。

② 冰箱不超期使用（一般使用期限控制为10年），如超期使用须经审批。冰箱周围留出足够空间，周围不堆放杂物，影响散热。烘箱、电阻炉不超期使用（一般使用期限控制为12年），如超期使用须经审批。加热设备应放置在通风干燥处，不直接放置在木桌、木板等易燃物品上，周围有一定的散热空间，设备旁不能放置易燃易爆化学品、气瓶、冰箱、杂物等，应远离配电箱、插座、接线板等设备。

③ 加热设备周边醒目位置张贴有高温警示标志，并有必要的防护措施，张贴有安全操作规程、警示标志。烘箱等加热设备内不准烘烤易燃易爆试剂及易燃物品。不得使用塑料筐等易燃容器盛放实验物品在烘箱等加热设备内烘烤。使用完毕，清理物品、切断电源，确认其冷却至安全温度后方能离开。使用电阻炉等明火设备时有人值守。使用加热设备时，温度较高的实验须有人值守或有实时监控措施。

④ 涉及化学品的实验室不使用明火电炉。如必须使用，须有安全防范措施。不使用明火电炉加热易燃易爆试剂。明火电炉、电吹风、电热枪等用毕，及时拔除电源插头。不可用纸质、木质等材料自制红外灯烘箱。

10.3.13 粉尘安全

① 粉尘爆炸危险场所，应选用防爆型的电气设备。粉尘加工要有除尘装置，除尘器符合防静电安全要求，除尘设施应有阻爆、隔爆、泄爆装置，使用工具具有防爆功能或不产生火花。

② 粉尘爆炸危险场所应穿防静电服装，禁止穿化纤材料制作的衣服，工作时必须佩戴防尘口罩和护耳器。

③ 粉尘浓度较高的场所，适当配备加湿装置；配备合适的灭火装置。

10.4 6S管理模式下实验室安全

4S（整理、整顿、清扫、清洁）、5S（整理、整顿、清扫、清洁、素养）及HSE的安全理念提出的共同目标是打造环境优良、安全健康的实验室空间及人人有安全理念的实验室文化。在5S已经初步实现的前提下，培养实验操作人员安全操作的模式已经形成，现在亟须加强和巩固的是提高全员的安全素养，从个人角度出发，提高安全素养。

二战以后，日本实施产业改革，将当时的2S（整理、整顿）作为企业品质管理的重要方法推行开来，日本的产品质量因此迅速提高。这种简单易行的管理方法推崇“安全始于整理整顿，终于整理整顿”的理念，后续增加到 3S（整理、整顿、清扫），从其应用空间到适用范围进一步拓展。

1986 年，首本 5S 著作问世，对整个日本现场管理模式起到了巨大的冲击作用，并由此在世界各国掀起了 5S 管理的热潮。到目前为止，5S 管理演变为 6S 管理，随着世界经济的发展，以及实践的总结和提炼，企业在 5S 的基础上实现高效实验室管理的体系制度。

10.4.1 6S 理念

6S 就是指整理、整顿、清扫、清洁、素养、安全，所蕴含的含义是培训全员养成整洁的好习惯，借此改善工作环境及安全健康水平。形成闭环管理，消除安全隐患，提高工作效率，创造良好纪律文明。

（1）整理

整理是指区分需要与不需要的事、物，再对不需要的事、物加以及时处理。

（2）整顿

通过上一步整理后，对生产现场需要留下的物品进行科学合理的布置和摆放，并予以明确标识，以便最快速地取得所要之物，在最简洁、有效的规章、制度、流程下完成工作。

（3）清扫

由整个团队所有成员一起清除工作场所内看得见和看不见的脏污，并防止污染源的再发生，保持工作场所干净。

（4）清洁

将整理、整顿、清扫、安全做法制度化、规范化、标准化，并贯彻执行及维持成果。

（5）素养

以“人性”为出发点，通过整理、整顿、清扫、安全、清洁等合理化的改善活动，培养上下一体的共同管理语言，使全体人员养成守标准、守规定的良好习惯，进而促进全面管理水平的提升。

（6）安全

消除隐患，排除险情，预防事故的发生，使人身不受伤害，环境没有危险。培养安全危险预知的能力及创建以预防为主的安全管理体制。

10.4.2 实验室 6S 管理模式

（1）药品 6S 管理

建立 6S 理念，减少不必要的材料和工具，减少“寻找”“等待”引起的时间浪费，做到实验药品摆放清洁。不属于药品柜内的多余药品要清理干净，避免过期药品出现安全隐患。不使用的化学试剂及其他物品或工具等要立即清理，归类放置，不可使其占用作业空间。使得工作过程的原料、设备及工具储存均能有规范。

（2）仪器6S管理

明确仪器使用要求、使用范围，杜绝事故发生。严格执行大型仪器设备管理制度和使用要求。所有设备定期进行清洁、检修，能预先发现存在的问题，从而消除安全隐患；大型设备存放场所，应做到消防设备齐全，摆放明显，消防通道无遮挡。

灭火器、开关箱、高压气瓶等要保持清洁，上面不得放置任何物品。

（3）制度管理

文件、资料和记录整齐摆放在文件架、文件夹、文件栏或文件柜中，不得随意散放在桌面或操作台上。文件夹要有明确的标志。归档的文件或质量记录要分类存放，并且有明确的目录和标志以便于查找。

人人能正确地执行各项规章制度，每个人都明白实验环境是怎么样的才是最好的。按照要求认真执行实验室药品管理、安全管理等制度，做到文字见制度，执行见行动。

（4）文化建设

各处的标志或标牌必须悬挂或粘贴端正、美观。墙上或设备仪器上的张贴物或悬挂物要与整体环境协调一致，不得影响整体美观效果。桌面或台面上的器具、文件等要摆放整齐有序，要求桌面与台面上的物品都是工作必需品。桌下与操作平台下面不得堆放或摆放与工作无关的文件和物品，如报纸、杂志、纸箱等。

推行6S管理，可以规范原本脏乱差的环境，不得存放、损坏或不用的货品，以免堆叠制造不正确人力提举的机会；避免不需要的物料放在地面上，以减少绊倒的危险；将物品按不同规格种类区分，根据区域标示找到物品相对应的名称规格并摆放整齐；仪器设备标明编号及名称，也在放置的位置上同样标明，取用时更有秩序并且便于取用。

安全以预防为主，通过不断地提高人、机、物的安全化水平，消除或不断减少存在的不安全因素，预先排除隐患。

习题

1．什么是HSE理念？

2．阐述实验室6S管理模式。

3．实验室安全管理，应该从哪些方面考虑？

4．为什么要注意实验室粉尘安全问题？

5．请结合学校实际情况，讨论哪些实验室应加强安全管理。

第十一章

安全事故案例分析

近些年安全事故频发，其中化工类占据大多数，这些事故不仅仅有企业生产运行发生的大型爆炸，也有高校科研部门安全知识不扎实造成的人员伤害。对此，收集高校及企业近些年出现的基础性事故以提高学生安全意识。

实验室发生爆炸事故的原因有很多，其中包括随便混合化学药品、密闭体系中进行蒸馏回流等加热操作、在加压或减压实验中使用不耐压的玻璃仪器、反应过于激烈而失去控制、易燃易爆气体、一些本身容易爆炸的化合物、搬运钢瓶时不使用钢瓶车、在使用和制备易燃易爆气体时操作不当、煤气灯用完后或中途煤气供应中断未及时关闭、氧气钢瓶和氢气钢瓶放在一起等。

11.1 高校实验室安全事故案例

11.1.1 封管事故

李某在进行实验时，往玻璃封管内加入氨水 20mL、硫酸亚铁 1g、原料 4g，加热温度 160℃。当事人在观察油浴温度时，封管突然发生爆炸，整个反应体系被完全炸碎。当事人额头受伤，幸亏当时戴防护眼镜，才使双眼没有受到伤害。

事故原因：玻璃封管不耐高压，且在反应过程中无法检测管内压力。氨水在高温下变为氨气和水蒸气，产生较大的压力，致使玻璃封管爆炸。

经验教训：化学实验必须在通风柜内进行，密闭系统。

11.1.2 误操作事故

案例一：李某在准备处理一瓶四氢呋喃时，没有仔细核对，误将一瓶硝基甲烷当作四氢呋喃加到氢氧化钠中。约过了一分钟，试剂瓶中冒出了白烟。李某立即将通风橱玻璃门拉下，此时瓶口的烟变成黑色泡沫状液体。李某叫来同事请教解决方法时，发生爆炸，玻璃碎片将二人的手臂割伤。

事故原因：由当事人在加药品时粗心大意，没有仔细核对所用化学试剂而造成的。实验台药品杂乱无序、药品过多也是造成本次事故的主要原因。

经验教训：这是一起典型的误操作事故。实验操作过程中的每一个步骤都必须仔细，不能有半点马虎；实验台要保持整洁，不用的试剂瓶要摆放到试剂架上，避免试剂打翻或误用造成的事故。

案例二：2012 年某实验室，将含有乙醇的物料放入鼓风烘箱烘干，引起烘箱爆炸着火。

事故原因：含有有机溶剂的样品，遇高温引起爆炸着火。

案例三：某实验室，将正在反应的废液倒入废液桶，反应导致废液桶爆喷，废液四溅。

经验教训：应按照废液分类储存。

11.1.3 实验室微生物感染

某农业大学实验室 28 名师生感染布鲁氏菌（布鲁氏菌病是乙类传染病，与甲型 H_1N_1 流感、艾滋病、炭疽病等 20 余种传染病并列），以及后来其他三所学校的三起实验室感染严重急性呼吸综合征（SARS）事故，都是由于实验员未能严格执行生物安全管理与病原微生物标准操作。

11.1.4 仪器安全检查不到位

案例一：某化学验室新进一台 3200 型原子吸收分光光度计，在分析人员调试过程中发生爆炸，产生的冲击波将窗户内层玻璃全部震碎，仪器上的盖崩起 2m 多高后崩离 3m 多远。当场炸倒 3 人，其中 2 人轻伤，一块长约 0.5cm 的碎玻璃片射入另一人眼内。

事故原因：仪器内部用聚乙烯管连接易燃气乙炔，接头处漏气，分析人员在调试过程中安全检查不到位。

案例二：某化验室正准备开启的一台 102 型气相色谱仪柱箱忽然爆炸。柱箱的前门飞到 2m 多远外，已变形，柱箱内的加热丝、热电偶、风机等都被损坏。

事故原因：2 个月前一名维修人员把色谱柱自行卸下，而一名化验员在不知情的情况下，开启氢气，通电后发生了这起事故。幸亏该化验员站在仪器旁边，未发生伤害事故。化验员在每次开机前都应该检查气路，仪器维修人员对仪器进行改动后，应通知相关使用人员，并挂牌，而两人都没按规程操作。

以上安全事故，都是违反操作规程、疏忽大意造成的，既伤害了自己，又伤害了别人，值得深思。前车之鉴，后事之师，大家在今后工作中应引以为戒。

11.1.5 误操作

案例一：样品高速离心前处理时，忘记盖上离心机的内盖，转速为 10000r/min。

离心不久就听到离心机发出隆隆的响声，整个实验室都能感到震动。离心管在高速下飞出离心机内的转子，因有外盖，离心管未飞出来，盖子内壁严重磨损，离心机也烧坏了。

案例二：忘记关加热套，温度过高，超过温度计量程，温度计裂开。

案例三：给冰箱换插排后，忘记打开电源开关，第二天冰箱里的样品和昂贵的药品，全报废了。

11.1.6 麻痹大意、实验过程失控

案例一：夏天天气太热，某同学进入分析室后，看桌上放有矿泉水（刚取回的二甲苯），拿起就喝，结果导致中毒！

案例二：实验时，把高氯酸当作稀释的硫酸溶液，导致爆炸。

案例三：配洗液应该用重铬酸钾和硫酸，可当事人用错了，加了高锰酸钾，硫酸喷溅出来，造成面部严重烧伤。

案例四：操作人员对废液性质不了解，把双氧水以及一些碱性溶液、有机溶液、无机溶液等混合在一个玻璃废液桶里，并拧紧了盖子，然后在某个下午玻璃瓶发生爆炸。绝对不要将酸性液体和碱性液体、氧化性液体和还原性液体、有机溶液和无机溶液混装。

案例五：某同学在加热消化时，浓硫酸加得太快，与样品剧烈反应，从瓶口冲出来，手被灼伤。消化快到终点时，没人看守，酸液被蒸干，发生爆炸。

案例六：环境实验测定水体中 COD，加热回流时没人在现场，中途停水，当发现时瓶中的溶液已经蒸发大半，实验失败。

案例七：卸货的工人不戴防酸手套，有一桶氢氟酸盖子没盖紧，溅到工人手上一点，当场用大量的水洗，然后送到医院，尽管很及时，但手已被腐蚀得露出了骨头。

案例八：实验过程中，由于磨口塞与瓶口粘连，用力旋转，不慎将瓶颈拧断，导致手指被划破，化学试剂沾到手上，经过安全处理后平安无事。

案例九：某同学经常使用实验室烘箱烘烤食物，由于该烘箱常年烘烤化学药品和玻璃仪器，残留很多化学试剂，后该同学因食入过量化学试剂而患胃癌去世。

11.1.7 实验室监管不到位

案例一：2018 年 12 月 26 日，某大学一实验室发生爆炸。学生在进行垃圾渗滤液污水处理科研实验期间，实验现场发生爆炸，事故造成 3 名参与实验的学生死亡。

事故原因：实验室堆放了大量的易燃易爆化学品，像镁粉、催化剂、磷酸钠等。

案例二：2013 年 3 月 16 日，某实验室实习人员在工作时，将大量的废弃溶剂倒入水池，引起下水道管路溶解漏水，造成环境和地下水污染。

事故原因：实验室工作人员带教失职，对外来实验人员监管不到位。

11.1.8 实验室水电检查不到位

案例：2010 年 5 月 26 日，某大学一实验室突发火情。

事故原因：学生做完实验出门时忘记关闭电路，引发火灾。

11.2 生产企业安全事故案例

11.2.1 精细化工行业案例

案例一：山东某化工厂双氧水装置发生爆炸着火事故。双氧水装置工作液配制釜回收工作液时，吸入大量 70%浓度双氧水，釜内存在杂质造成双氧水剧烈分解，引发配制釜爆炸。

事故原因：企业安全检查形式化，70%浓度双氧水吸入装置时没有发出警报，管理缺失。釜内存有杂质，现场却没有设置配制釜回收液安全操作警示牌。

案例二：2022 年上海某石化企业乙二醇装置环氧乙烷精制塔区域发生爆炸。现场工作人员描述，巡检时听到一声异响，发现管道换热器出口弯道弯头处喷出大量热蒸气，无法靠近查找泄漏点。

事故原因：通过事故调查发现，直接原因为环氧乙烷精制塔至再吸收塔的管道在夹具处发生断裂，管道内工艺水大量泄漏，导致塔釜内溶液漏空后，环氧乙烷落到塔釜底部，沿断口处泄漏至大气中，遇点火源起火爆炸。

11.2.2 火灾事故预防案例

案例：2022 年 3 月 11 日，浙江温州瑞安市一化纤厂发生火灾。有关视频显示一间厂房内不断有燃烧的火光蹿出，并冒出浓浓的黑烟。从现场可以看到火灾是从内部起来的，然后越来越大。

事故原因：火灾事故发生的一个重要原因，是生产装置缺陷。设备状况好，运行周期长，检修量小，事故隐患少，火灾爆炸发生率就低，凡是设备管理好的单位，安全生产的条件也好。火灾爆炸事故的发生，一个很重要的原因是缺少对火源的管理。

11.2.3 违规操作案例

2022 年 4 月 3 日 7 时，广东某特种型材有限公司熔铸二号车间 9 号铸造井发生爆炸事故；11 时 10 分 22 秒，9 号深井铸造结晶盘出现铝水泄漏情况，大量高温铝水流入铸造深井，11 时 11 分 54 秒，9 号铸造深井发生爆炸，爆炸再次引起邻近的 6 号铝加工铸造深井爆炸。

事故原因：一是现场工人违反操作规程，擅自脱岗，铸造现场无人监护，没有发现铸造结晶器泄漏铝水，也没有人员及时处置。大量高温铝水流入铸造深井后遇冷却水瞬间发生爆炸，爆炸再次引起邻近的铝加工铸造深井爆炸。二是该企业深井铸造结晶器等水冷元件的冷却水系统仅配置了报警装置，没有配置紧急切断联锁装置，不符合国家相关要求，铝水在泄漏时无法及时自动处置。

11.2.4　压力容器案例

案例一：2011 年 5 月 5 日，某单位水电维修班气焊工完成钢板切割任务后，在收拾作业现场关闭氧气瓶减压阀时突然发生氧气瓶爆炸事件。爆炸现场所幸没有人员受伤，氧气瓶从中部炸裂为三块，其中瓶体上部一块重 19.4kg，飞入附近墙体中，瓶体中部一块重 12.8kg，瓶体尾部一块重 23.4kg，爆炸后散落在附近地面上。

事故原因：在氧气瓶底部有油性物质。油性物质接触高浓度氧气发生化学反应，并释放热量，直接导致了爆炸发生。同时在现场碎片中检查到该氧气瓶出厂标定为氮气瓶，但氧气生产厂违反严禁气瓶混用的规定，擅自改充氧气，并涂改为淡蓝色。在钢瓶检验日期部分发现已经有 3 次漏检，而且生产厂不能提供该钢瓶的历史检验报告。经过气瓶经销商的调查，发现其已超过许可范围生产，其危险化学品经营许可证的许可范围是氮气、二氧化碳、氩气和乙炔四项，没有氧气的生产和销售资质。

案例二：2009 年 7 月，北京某大学激光加工实验室一名博士生在夜间连续实验期间，发现氩气气压异常降低，该博士生在老师告之其不能单独进入实验室环境排查问题的情况下，在没有低氧浓度探测器的情况下私自进入氩气泄漏的环境导致死亡。

事故原因：夜间进行实验过程中，需要有同学陪同，指导教师在发现问题后需要及时处理。如果不能及时处理，应联系学校相关部门协同处理。该同学擅自行动，缺乏安全意识造成事故发生。

案例三：2015 年 4 月，某大学实验室擅自充装甲烷混合气瓶导致爆炸，其主要原因为实验人员私自充装 2%甲烷混合气体气瓶进行甲烷催化燃烧实验，突然发生爆炸，事故造成 1 人死亡、1 人重伤（截肢）、3 人轻伤（耳膜穿孔）。甲烷的爆炸极限为 5%～15%。

事故原因：该实验人员未按照气瓶使用规范要求处置，气瓶需由有资质气瓶销售机构处理，不得私自改装、充装。该事故一方面是实验人员不严格执行特种设备使用要求操作，另一方面指导教师对实验室准入安全工作未宣传到位，造成事故发生。

11.2.5 药品存储不规范案例

案例： 2023年6月，河南南阳某材料有限公司原料储存仓库发生爆燃事故。因原料储存仓漏雨工作人员抢修，在切割过程中发生爆炸，造成人员伤亡。

事故原因： 事故发生仓库内存放有电石灰、镁矿粉、碳酸钙、铝粒、硅粉、编织袋等物品且数量较大。初步认为电石灰、镁矿粉、铝粒等物质遇水释放出氢气、乙炔等可燃气体。切割过程产生的火花与仓库内聚集的可燃气体相遇发生爆炸。

附录 1

特种设备目录

代码	种类	类别	品种
1000	锅炉	锅炉，指利用各种燃料、电或者其他能源，将所盛装的液体加热到一定的参数，并通过对外输出介质的形式提供热能的设备，其范围规定为设计正常水位容积大于或者等于 30L，且额定蒸汽压力大于或者等于 0.1MPa（表压）的承压蒸汽锅炉；出口水压大于或者等于 0.1MPa（表压），且额定功率大于或者等于 0.1MW 的承压热水锅炉；额定功率大于或者等于 0.1MW 的有机热载体锅炉	
1100		承压蒸汽锅炉	
1200		承压热水锅炉	
1300		有机热载体锅炉	
1310			有机热载体气相炉
1320			有机热载体液相炉
2000	压力容器	压力容器，指盛装气体或者液体，承载一定压力的密闭设备，其范围规定为最高工作压力大于或者等于 0.1MPa（表压）的气体、液化气体和最高工作温度高于或者等于标准沸点的液体、容积大于或者等于 30L 且内直径（非圆形截面指截面内边界最大几何尺寸）大于或者等于 150mm 的固定式容器和移动式容器；盛装公称工作压力大于或者等于 0.2MPa（表压），且压力与容积的乘积大于或者等于 1.0MPa・L 的气体、液化气体和标准沸点等于或者低于 60℃液体的气瓶；氧舱	
2100		固定式压力容器	
2110			超高压容器
2130			第三类压力容器
2150			第二类压力容器
2170			第一类压力容器
2200		移动式压力容器	
2210			铁路罐车
2220			汽车罐车
2230			长管拖车
2240			罐式集装箱
2250			管束式集装箱
2300		气瓶	

续表

代码	种类	类别	品种
2310			无缝气瓶
2320			焊接气瓶
23T0			特种气瓶（内装填料气瓶、纤维缠绕气瓶、低温绝热气瓶）
2400		氧舱	
2410			医用氧舱
2420			高气压舱
8000	压力管道	压力管道，指利用一定的压力，用于输送气体或者液体的管状设备，其范围规定为最高工作压力大于或者等于 0.1MPa（表压），介质为气体、液化气体、蒸汽或者可燃、易爆、有毒、有腐蚀性、最高工作温度高于或者等于标准沸点的液体，且公称直径大于或者等于 50mm 的管道。公称直径小于 150mm，且其最高工作压力小于 1.6MPa（表压）的输送无毒、不可燃、无腐蚀性气体的管道和设备本体所属管道除外。其中，石油天然气管道的安全监督管理还应按照《中华人民共和国安全生产法》《中华人民共和国石油天然气管道保护法》等法律法规实施	
8100		长输管道	
8110			输油管道
8120			输气管道
8200		公用管道	
8210			燃气管道
8220			热力管道
8300		工业管道	
8310			工艺管道
8320			动力管道
8330			制冷管道
7000	压力管道元件		
7100		压力管道管子	
7110			无缝钢管
7120			焊接钢管
7130			有色金属管
7140			球墨铸铁管
7150			复合管
71F0			非金属材料管
7200		压力管道管件	
7210			非焊接管件（无缝管件）

续表

代码	种类	类别	品种
7220			焊接管件（有缝管件）
7230			锻制管件
7270			复合管件
72F0			非金属管件
7300		压力管道阀门	
7320			金属阀门
73F0			非金属阀门
73T0			特种阀门
7400		压力管道法兰	
7410			钢制锻造法兰
7420			非金属法兰
7500		补偿器	
7510			金属波纹膨胀节
7530			旋转补偿器
75F0			非金属膨胀节
7700		压力管道密封元件	
7710			金属密封元件
77F0			非金属密封元件
7T00		压力管道特种元件	
7T10			防腐管道元件
7TZ0			元件组合装置
3000	电梯	电梯，指动力驱动，利用沿刚性导轨运行的箱体或者沿固定线路运行的梯级（踏步），进行升降或者平行运送人、货物的机电设备，包括载人（货）电梯、自动扶梯、自动人行道等。非公共场所安装且仅供单一家庭使用的电梯除外	
3100		曳引与强制驱动电梯	
3110			曳引驱动乘客电梯
3120			曳引驱动载货电梯
3130			强制驱动载货电梯
3200		液压驱动电梯	
3210			液压乘客电梯
3220			液压载货电梯
3300		自动扶梯与自动人行道	

续表

代码	种类	类别	品种
3310			自动扶梯
3320			自动人行道
3400		其他类型电梯	
3410			防爆电梯
3420			消防员电梯
3430			杂物电梯
4000	起重机械	起重机械，指用于垂直升降或者垂直升降并水平移动重物的机电设备，其范围规定为额定起重量大于或者等于0.5t的升降机；额定起重量大于或者等于3t（或额定起重力矩大于或者等于40t·m的塔式起重机，或生产率大于或者等于300t/h的装卸桥），且提升高度大于或者等于2m的起重机；层数大于或者等于2层的机械式停车设备	
4100		桥式起重机	
4110			通用桥式起重机
4130			防爆桥式起重机
4140			绝缘桥式起重机
4150			冶金桥式起重机
4170			电动单梁起重机
4190			电动葫芦桥式起重机
4200		门式起重机	
4210			通用门式起重机
4220			防爆门式起重机
4230			轨道式集装箱门式起重机
4240			轮胎式集装箱门式起重机
4250			岸边集装箱起重机
4260			造船门式起重机
4270			电动葫芦门式起重机
4280			装卸桥
4290			架桥机
4300		塔式起重机	
4310			普通塔式起重机
4320			电站塔式起重机
4400		流动式起重机	
4410			轮胎起重机
4420			履带起重机

续表

代码	种类	类别	品种
4440			集装箱正面吊运起重机
4450			铁路起重机
4700		门座式起重机	
4710			门座起重机
4760			固定式起重机
4800		升降机	
4860			施工升降机
4870			简易升降机
4900		缆索式起重机	
4A00		桅杆式起重机	
4D00		机械式停车设备	
9000	客运索道	客运索道，指动力驱动，利用柔性绳索牵引箱体等运载工具运送人员的机电设备，包括客运架空索道、客运缆车、客运拖牵索道等。非公用客运索道和专用于单位内部通勤的客运索道除外	
9100		客运架空索道	
9110			往复式客运架空索道
9120			循环式客运架空索道
9200		客运缆车	
9210			往复式客运缆车
9220			循环式客运缆车
9300		客运拖牵索道	
9310			低位客运拖牵索道
9320			高位客运拖牵索道
6000	大型游乐设施	大型游乐设施，是指用于经营目的，承载乘客游乐的设施，其范围规定为设计最大运行线速度大于或者等于 2m/s，或者运行高度距地面高于或者等于 2m 的载人大型游乐设施。用于体育运动、文艺演出和非经营活动的大型游乐设施除外	
6100		观览车类	
6200		滑行车类	
6300		架空游览车类	
6400		陀螺类	
6500		飞行塔类	
6600		转马类	
6700		自控飞机类	

续表

代码	种类	类别	品种
6800		赛车类	
6900		小火车类	
6A00		碰碰车类	
6B00		滑道类	
6D00		水上游乐设施	
6D10			峡谷漂流系列
6D20			水滑梯系列
6D40			碰碰船系列
6E00		无动力游乐设施	
6E10			蹦极系列
6E40			滑索系列
6E50			空中飞人系列
6E60			系留式观光气球系列
5000	场（厂）内专用机动车辆	场（厂）内专用机动车辆，是指除道路交通、农用车辆以外仅在工厂厂区、旅游景区、游乐场所等特定区域使用的专用机动车辆	
5100		机动工业车辆	
5110			叉车
5200		非公路用旅游观光车辆	
F000	安全附件		
7310			安全阀
F220			爆破片装置
F230			紧急切断阀
F260			气瓶阀门

附录2

介质毒性危害程度分级依据

指标		分级			
		Ⅰ（极度危害）	Ⅱ（高度危害）	Ⅲ（中度危害）	Ⅳ（轻度危害）
急性毒性	吸入（LC_{50}）/（mg/m^3）	＜200	200～＜2000	2000～≤20000	＞20000
	经皮（LD_{50}）/（mg/kg）	＜100	100～＜500	500～≤2500	＞2500
	经口（LD_{50}）/（mg/kg）	＜25	25～＜500	500～≤5000	＞5000
急性中毒发病状况		生产中易发生中毒，后果严重	生产中可发生中毒，愈后良好	偶可发生中毒	迄今未见急性中毒，但有急性影响
慢性中毒患病状况		患病率高（≥5%）	患病率较高（＜5%）或症状发生率高(≥20%)	偶有中毒病例发生或症状发生率较高（≥10%）	无慢性中毒而有慢性影响
慢性中毒后果		脱离接触后，继续进展或不能治愈	脱离接触后，可基本治愈	脱离接触后，可恢复，不致严重后果	脱离接触后，自行恢复，无不良后果
致癌性		人体致癌物	可疑人体致癌物	实验动物致癌物	无致癌性
最高容许浓度/（mg/m^3）		＜0.1	0.1～＜1.0	1.0～≤10	＞10

附录3

气瓶存储及使用相关规定

1．根据 AQ/T 7009—2013《机械制造企业安全生产标准化规范》规定，作业现场的气瓶，同一地点放置数量不应超过 5 瓶，若超过 5 瓶，但不超过 20 瓶时，应有防火防爆措施，超过 20 瓶以上时，必须设置二级气瓶库。

2．气瓶的空、实瓶应分开存放，在用气瓶和备用气瓶应分开存放，并设置防倾倒措施。

3．可燃气体气瓶和助燃气体气瓶不允许同库存放。

4．气瓶间安全距离不应小于 5 米，与明火安全距离不应小于 10 米。

5．气瓶的检验周期：盛装腐蚀性气体的气瓶应每两年检查一次；盛装一般气体的气瓶应每三年检验一次；盛装惰性气体的气瓶应每五年检验一次；低温绝热气瓶应每三年检验一次。

6．气瓶搬运时，应轻装轻卸，严禁抛掷、滚动或碰撞，严禁使用起重机吊运。

7．气瓶不得充入设计充装介质以外的其他气体。

8．禁止用沾染油类的手和工具操作气瓶，以防引起爆炸。

附录 4

MLabs Pro 软件系统的使用说明

一、MLabs Pro 软件下载

1. 苹果、华为、小米、OPPO、vivo 手机，请在手机应用商店搜索“MLabs Pro”找到对应名字的应用，点击下载，完成安装。

2. 其他手机型号手机，可在“应用宝”中直接搜索“MLabs Pro”找到对应名字的应用，点击下载，完成安装。

二、扫码使用

1. 安装 MLabs Pro APP，成功后点击图标进入软件，在主界面选择“游客登录”。

MLabs Pro APP
使用视频指引

2. 微信扫描右侧二维码下载文件“E1201（二维码）”，登录 MLabs Pro APP 后点击右上角图标，扫描 E1201（二维码）即可自动解锁跳转该实验进行操作。

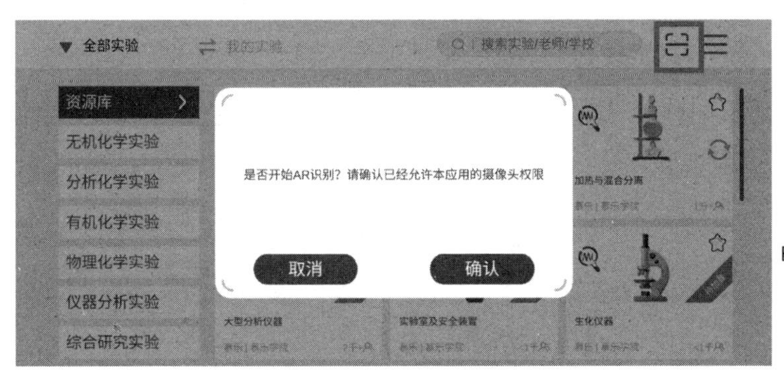

E1201（二维码）
下载通道

参考书目

[1] 姜文凤，刘志广. 化学实验室安全基础[M]. 北京：高等教育出版社，2020.

[2] 孙建之，王敦青，杨敏. 化学实验室安全基础[M]. 北京：化学工业出版社，2021.

[3] 蔡乐. 高等学校化学实验室安全基础[M]. 北京：化学工业出版社，2021.

[4] 张延荣. 环境科学与工程实验室安全与操作规范[M]. 武汉：华中科技大学出版社，2021.

[5] 鲁登福，朱启军，龚跃法. 化学实验室安全与操作规范[M]. 武汉：华中科技大学出版社，2021.

[6] 秦静. 危险化学品和化学实验室安全教育读本[M]. 北京：化学工业出版社，2020.